农业机械产业创新发展蓝皮书

国家农业装备产业创新发展报告（2021）

邓小明　张　辉　方宪法　等著

机械工业出版社

强国必先强农，农强方能国强。党的二十大提出要加快建设农业强国，提升农机装备研发应用水平，既要用物联网、大数据等现代信息技术发展智慧农业，也要加快补上烘干仓储、冷链保鲜、农业机械等现代农业物质装备短板，这就对农业装备产业科技发展提出了更多、更新、更高的要求。为厘清发展思路，找准发展方向，中国农村技术开发中心组织开展了"国家农业装备产业创新发展研究"并著写了本书。本书从基于文献计量的国内外前沿科技研究和基于专利知识产权的农业装备产品技术转化与应用研究着手，结合国家重点研发计划"工厂化农业关键技术与智能农机装备"重点专项的实施，围绕国家战略需求和产业发展趋势，系统研究了国内外农业装备产业发展与技术趋势、市场与政策，以全球视野谋划和布局我国农业装备发展方向，并提出有关建议。

本书数据翔实、知识新颖、内容系统，可为行业企业、研究机构和政府管理部门提供决策参考。

图书在版编目（CIP）数据

国家农业装备产业创新发展报告. 2021 / 邓小明等著. —北京：机械工业出版社，2023.12
ISBN 978 - 7 - 111 - 74136 - 7

Ⅰ.①国… Ⅱ.①邓… Ⅲ.①农业机械–产业发展–研究报告–中国– 2021 Ⅳ.①S22

中国国家版本馆 CIP 数据核字（2023）第 201818 号

机械工业出版社（北京市百万庄大街 22 号 邮政编码 100037）
策划编辑：高 伟 周晓伟 责任编辑：高 伟 周晓伟 刘 源
责任校对：郑 雪 丁梦卓 闫 焱 责任印制：单爱军
保定市中画美凯印刷有限公司印刷
2024 年 1 月第 1 版第 1 次印刷
169mm×239mm·14 印张·2 插页·241 千字
标准书号：ISBN 978 - 7 - 111 - 74136 - 7
定价：168.00 元

电话服务 网络服务
客服电话：010 - 88361066 机 工 官 网：www.cmpbook.com
010 - 88379833 机 工 官 博：weibo.com/cmp1952
010 - 68326294 金 书 网：www.golden-book.com
封底无防伪标均为盗版 机工教育服务网：www.cmpedu.com

《国家农业装备产业创新发展报告（2021）》

编审委员会

序 一

强国必先强农，农强方能国强。全面建设社会主义现代化国家，最艰巨最繁重的任务仍然在农业农村。没有农业强国就没有整个现代化强国；没有农业农村现代化，社会主义现代化就是不全面的。农业强国是社会主义现代化强国的根基，满足人民美好生活需要、实现高质量发展、夯实国家安全基础，都离不开农业发展。

加快建设农业强国，就要立足国情农情，体现中国特色，建设供给保障强、科技装备强、经营体系强、产业韧性强、竞争能力强的农业强国。新时期，农业装备支撑、引领、保障现代农业的使命责任更加重大，迫切需要厘清发展思路，明确主攻方向，强化关键核心技术攻关，走中国特色的农业机械化智能化道路，以高水平科技自立自强助力中国式现代化。

习近平总书记指出，关键核心技术是要不来、买不来、讨不来的，要打赢关键核心技术攻坚战。经过多年的快速创新进步，我国已经成为全球农业装备制造和使用大国，科技创新进入自主创新的新阶段。但我国还不是农业装备强国，与欧美日韩等强国相比，我国在产品技术水平、制造质量、生产效率、国际市场占有率等方面还有较大差距，突出表现为原始创新能力不足、关键核心技术受制于人、重大装备自主化水平不高、产业应用不平衡不充分。我国农业多样，区域特色突出，"大国小农"仍是基本农情，推进建设农业装备强国，要体现中国特色，立足我国国情，立足人多地少的资源禀赋、农耕文明的历史底蕴、人与自然和谐共生的时代要求，要走中国式农业机械化智能化发展道路。

习近平总书记强调，保障粮食和重要农产品稳定安全供给始终是建设农业强国的头等大事。2021 年，全国粮食总产量达 6.8285 亿吨，连续 7 年超过 6.5 亿吨，但总体上，我国谷物供需基本处于紧平衡状态。全方位夯实粮食安全根基，实施"藏粮于地、藏粮于技"战略，农业装备是重要支撑。未来，"谁来种地""怎么种地""如何种好"需求迫切，要紧盯世界农业装备科技前沿，推进自主智能农业装备、智慧农业等引领性技术创新，大力提升我国农业装备科技水平；要聚焦重大产业需求，以重大农机装备领域关键核心技术攻关为引领，发展更加先进适用、高效绿色、节约减损型农业装备，进一步提升生产机械化、智能化、机器人化水平，大幅提升农业综合生产能力和效率效益；要聚焦补齐农业机械化智能化短板弱项，着力提升农业信息化应用水平，加快推进丘陵山区高效作业装备"从无到有"的突破，全面统筹农业装备"从有到好"的整体转型。

创新之道，贵在坚持。"农业机械产业创新发展蓝皮书"已经发布4年，虽不能说高屋建瓴和统揽全局，但也可以管中窥豹，看到我国农业装备科技创新和产业发展的历程。《国家农业装备产业创新发展报告（2021）》接续了之前的理念，用丰富的素材、多角度的视野回答疑问、提出方向、优化路径、突出特色。一是研究站位比较高远。从大农业产业和全产业链出发，以全球视野谋划和布局我国农业装备发展的历史方位、目标任务和未来方向，并提出有关对策与建议。二是研究视角比较独特。既有农业装备科技产业宏观分析，也有基于知识文献的国内外前沿科技研究，还有基于知识产权的农业装备产品技术转化与应用研究，也呈现了国家重点研发计划重点专项实施进展成效，内容丰富，体系完善。三是研究团队构成比较合理，研究基础深厚，研究经验丰富。中国农村技术开发中心联合中国农业机械化科学研究院集团有限公司、中国科学院科技战略咨询研究院、中国技术交易所有限公司及中国农业机械工业协会等单位共同推进，集政策、科研、开发、知识管理与转化应用于一体，凝聚形成了具有国际视野、全局观念、系统思维的中青年科技专家为主的战略研究团队，具备了长期持续跟踪研究农业装备产业科技创新的能力。

农业装备是国之重器，是实现农业强国的重要支撑。新时期，锚定建设农业强国目标，农业装备要有更多作为，也要更加有为。本书的出版，恰逢其时，是农业装备强国之路上的一盏明灯，可作为农业装备行业企业、研究机构、政府行政管理部门和广大行业从业者的有益参考。希望该研究团队能够坚持开展此项研究工作，驰而不息，引领农业装备科技创新和产业发展的前行之路！

罗锡文

序　二

农业装备是现代农业的重要支撑，是转变农业发展方式、促进农业增产增效、提高农业生产力的决定性因素。要提升农机装备研发应用水平，既要用物联网、大数据等现代信息技术发展智慧农业，也要加快补上烘干仓储、冷链保鲜、农业机械等现代农业物质装备短板。《中华人民共和国国民经济和社会发展第十四个五年规划和 2035 年远景目标纲要》提出，加强大中型、智能化、复合型农业机械研发应用，农作物耕种收综合机械化率提高到 75%。习近平总书记的重要指示精神和党中央国务院重大决策部署为我国农业装备科技创新和产业发展指明了方向，提供了根本遵循。

近年来，我国农业装备科技创新及产业发展取得了长足进步，成为世界生产和使用大国。技术创新进入了以信息技术为核心的智能化阶段，并加速向自主化方向发展，逐渐形成了机械化、自动化、智能化、集约化并联发展的格局，走出了一条大中小结合、农机农艺融合的绿色技术发展路径；能够研发生产 4500 多种农业装备，进入高端农机装备引领产业发展的阶段，形成上中下游、大中小企业、高中低端协同发展的产业格局；农业生产进入以机械化为主的新阶段，加速全程全面、高质高效发展，并呈现智慧化生产的新趋势。但必须看到，我国与世界领先国家相比，仍旧有较大差距，主要体现在：适合我国农业多样性的关键核心技术缺少原创，多地域适用性和可靠性能有待提升，引领性新兴产业技术市场转化缺乏动力；产品同质化现象严重，质量水平亟待提高，高性能关键零部件及高端大型农机装备需要自主可控；企业面向全球市场的核心竞争能力不强，科技创新主体地位不突出，迫切需要高质量转型发展。

中国人的饭碗一定要牢牢端在自己的手里，中国碗要装中国粮。党的二十大报告提出要加快建设农业强国，扎实推动乡村产业、人才、文化、生态、组织振兴，要强化农业科技与装备支撑。新时代、新征程，在紧盯世界农业科技前沿的同时，大力提升我国农业装备科技水平，开辟新领域新赛道，塑造新动能新优势；要加快补齐农业装备与现代设施短板弱项，全方位夯实粮食安全根基，树立大食物观，发展设施农业，构建多元化食物供给体系；要突出应用导向，加快成果转化，助力发展乡村特色产业；要打造国家农业科技战略力量，强化企业科技创新主体地位，构建梯次分明、分工协作、适度竞争的产业科技创新体系，推进农业装备高水平科技自立自强。

中国农村技术开发中心作为农业农村领域项目管理专业机构，"十三五"以来，先后组织实施了国家重点研发计划"智能农机装备""工厂化农业关键技术与智能农机装备"重点专项，以"绩效四问"抓重点专项成果产出，以"100＋N"协同创新工作体系抓成果落地，推动形成了产业链与创新链深度融合的一体化农业装备科技创新模式，推进新时期农业装备关键核心技术攻关不断取得新进展新突破，基本形成了自主可控的技术及产品研发体系，有力支撑和引领现代农业高质量发展。

同时，中国农村技术开发中心作为农业农村科技智库，"十三五"以来，联合国内优势单位，持续组织开展国家农业装备产业创新发展研究，为谋划和推进我国农业装备科技创新奠定了良好基础，指出了重点方向。面对新一轮科技革命和产业变革，信息、生物、大数据、人工智能等技术加速融合渗透的新趋势，推进我国农业装备科技创新发展需要更多的方向性引领，希望在中国农村技术开发中心的领导和组织下，国家农业装备产业创新发展研究专家团队不忘初心、牢记使命、踔厉奋发、再接再厉，取得更多的研究成果，为打赢农业装备关键核心技术攻坚战，促进农业装备产业高质量转型升级，走出一条中国特色的农业机械化、智能化发展道路做出更大贡献。

目　录

第1章 总 论

农业装备是"国之重器"，关乎国家粮食安全、乡村振兴和农业强国，是转变农业发展方式、促进农业增产增效、提高农村生产力的重要物质基础，是实现农业农村现代化的重要支撑。没有现代农业装备，就没有农业机械化智能化，也就没有农业农村现代化。

习近平总书记指出，要大力推进农业机械化、智能化，给农业现代化插上科技的翅膀，补齐现代农业物质装备短板，提升农机装备研发应用水平，为我国发展农业装备，推进中国特色农业机械化智能化提供根本遵循。当前及未来一段时期，保障国家粮食安全，贯彻大食物观，推进种业振兴，打赢关键核心技术攻坚战，建设农业强国，全面推进乡村振兴，对农业装备提出了更高新要求。新时期，迫切需要加大力度推进原创性引领性重大农业装备攻关，实现产业基础高级化、产业链自主化，护航粮食安全，助力中国农业现代化。

1.1 全球农业装备产业稳定增长

全球产业区域格局基本稳定，领先企业主导全球产业竞争，呈现持续稳定增长态势。世界各国的农业机械企业都极其重视农业装备的信息化、智能化发展，特别是世界农机巨头约翰迪尔、凯斯纽荷兰、久保田、爱科、克拉斯等企业投入巨大资源布局智能农机装备的研发、制造、应用，并购新能源、人工智能、农业机器人初创企业，布局智能农业系统，构建各自特色的智能农机装备体系，看重智能农机装备未来巨大的市场价值。

1. 产业总体规模不断扩大

近年来，全球农业装备产业总体规模稳定在1300亿美元以上，并持续保持6%~7%的增速发展。从市场分布看，产业格局基本稳固，但进一步集中的趋势更加突出，新冠疫情大变局下，美洲地区增速显著高于欧洲地区。从产业竞争力来看，美国、德国仍处于世界农业装备强国前列，以大型高端智能农机为主；日韩为第二梯队强国，以中小型高端为主；我国是世界农业装备制造和使用大国，有1800多家规模以上企业，总体规模达到2800多亿元，正加速迈向强国发展步伐。随着人工智能、物联网、大数据、互联网技术的发展，无人农场、农业机器人、智慧农业等新产业新业态新模式方兴未艾。以机器人为例，目前全球已有近200款农业机器人不同程度地进入示范应用和产业化阶段，预计到2025年农业机器人市场规模将从2020年的74亿美元增长到206亿美元，复合年均增长率将超过20%；智慧农业也快速发展，2021—2025年全球智慧农业规模预计复合年均增长率超过11%，到2025年将达到300亿美元。

2. 技术产品绿色智能体系化发展

全球农业装备进入以信息技术为核心的智能化新阶段，并加速向自主智能方向发展。信息、生物、装备、环境、数据等全技术链和全要素融合，融入农业生产、加工、经营、管理和服务等全产业链，实现育、耕、种、管、收、储运、加全过程的信息感知、定量决策、智能控制、精准投入的智能生产。融通科技与产业、一二三产业和生产生活生态，支撑体系化的技术创新和技术产品绿色智能化发展。一是精准化。农业生产作业及管理由群体向个体、广域向局域、定量向变量的全生命周期精细生产调控发展，达到单粒播种、单株/单只管理，实现了水、肥、药、光、热等生产要素的精准精量投入，农业灌溉水利用系数达到0.7~0.9，农药利用率达到60%以上，化肥有效利用率达到50%以上。二是高效化。大型农用动力、耕整与栽植复式作业、多种作物种子联合播种、水肥药一体化施用、多功能收获等技术及机器人化作业获得突破，生产作业更加高效。例如，拖拉机最大动力达到515千瓦，条播播种机作业行数60行、作业速度18千米/小时，喷雾机喷幅超过48米，谷物联合收获机喂入量超过20千克/秒，玉米青饲收获机喂入量超过100千克/秒，大型机器人化智能作业装备实现了耕、种、管、收多功能同机换挂作业。三是智能化。作业对象感知与跟踪、工况实时监测与智能测控，以及低损低耗高效作业的流程工艺、关键材料和核心部件等技术突破，实现了从单项监控功能向多目标、多参数、多工况的更加智能方向升级，控制精度超过95%，甚至达到99%以上，谷物收获机损失率降低到1%。四是绿色化。高效节能拖拉机及电动、氢能、甲烷等清洁能源农机等推进能源替代和节能减排，新型的农用动力平台可节省20%~40%的能源，水肥药高效施用实现农业投入品高效利用、减少污染，农业废弃物综合利用、农产品减损保质处理等构建可持续发展种养生态，实现农业低碳绿色发展。

3. 大型跨国企业强化变革转型升级

从全球来看，大型跨国企业仍旧主导和引领产业发展，美国约翰迪尔、凯斯纽荷兰、爱科，以及日本久保田、德国克拉斯、法国库恩、意大利赛迈道依茨法尔等在高端农业装备方面全球领先。2021年，美国约翰迪尔、凯斯纽荷兰、爱科，以及日本久保田、德国克拉斯分别实现营业收入440亿美元、150亿美元、111.38亿美元、111亿美元、48亿美元，位居全球前列，约占全球高端农业装备收入的70%左右，主导了全球产业竞争，占据产业价值链的高端。同时，还有德国阿玛松、豪狮、科罗尼和美国阿尔斯波等一批专业特色优势企业，在经济作物或专用生产作业装备方面具有全球领先优势；同时，涌现了一批农业机器人、智慧农业、新能源技术应用领域的创新型企业，并与大型跨国企业实现技术、资源等协同，引领新一代农业装备创新发展。近年来，大型跨国企业加速转型升级，纷纷并购新能源、人工智能、农业机器人初创企业，布局智能农业系统和平台，向智能化转型，并基本完成产业变革的技术准备。例如，约翰迪尔推出了智能工业战略，并提出了以新能源技术为核心"The Next Leap"愿景；凯斯纽荷兰推出以精准技术为核心"Breaking New Ground"战略；克拉斯、约翰迪尔、凯斯纽荷兰等跨国企业共建了"365FarmNet"数据接口项目，实现数据互联；爱科开发了作业路线规划平台"Geo-Bird"，支持凯斯纽荷兰、克拉斯、天宝、拓普康等跨国企业农机辅助终端。从我国来看，国内大型企业全链条产业布局进一步完善，自主研发能力实现较大提升，在高端农业装备方面积累了基础；同时，40多家跨国企业已进入我国，在大型高端农业装备方面展现出了技术和产品的先进性、成熟性和实用性。

1.2　我国农业装备产业发展战略需求

我国农业装备产业市场经过长期发展，规模不断扩大，初步形成了从研发、制造、质量监督、流通销售到应用推广的产业体系和上中下游、大中小企业、高中低端协同发展的产业格局。我国农业装备技术创新从改造仿制、引进消化吸收再创新，进入以自主创新为核心的协同创新，走出了一条机械化、自动化、智能化并联发展的技术创新路径。由拖拉机、联合收获机、插秧机、播种机、植保机械及耕整地机械等农机装备主机企业主导产业链发展，支撑农作物生产综合机械化率达到72%，农业生产进入以机械化为主导的新阶段。

1.　"藏粮于机"保障国家粮食安全

2021 年，全国粮食总产量达 6.8285 亿吨，连续 7 年保持在 6.5 亿吨以上，其中，谷物产量为 6.3275 亿吨。但总体上，我国水稻、小麦和玉米供需基本处于紧平衡状态，谷物单产水平仅为前 5 名世界发达国家的 83%。从未来需求看，我国居民食物消费结构将从粮食等植物性食物消费为主跨入植物性食物和动物性食品并重的新时代，保障粮食和食品安全将面临更大压力。据预测，我国 2030 年的粮食（不含大豆）缺口将达到 1 亿吨，如果考虑未来可能发生的重大生物灾害、气候变化、战争等带来全球安全格局的变化，缺口会更大，必须要进一步增加食物供给的弹性。我国耕地面积为 19.18 亿亩（1 亩 ≈ 666.7 米^2），位居美国、印度、俄罗斯之后，但根据研究，我国粮食生产的产能潜力发挥仅为 50% 左右，需要继续提升生产潜能；当前我国粮食生产还面临的一个重大问题是灾害减产和收获损失，数据显示，每年因气象灾害导致的粮食减产超过 0.5 亿吨，其中旱灾减产份额最大，约占总损失量的 60%；粮食收获、储备和消费环节的全链条损失率达 10% 左右，生产和收获环节约占整体粮食损失和浪费的 27%；三种粮食作物（水稻、玉米和小麦）的收获平均损失率超过 4%，占到了总损失的一半左右，部分情况下玉米籽粒机收总损失率和总损伤率合计甚至高达 10%。"如何种好"需求迫切，要发展更加先进高效、高适应性、绿色增产、节粮减损型农业装备，进一步提升生产机械化智能化机器人化水平，实现减损提质，大幅提升农业综合生产能力和效率效益。

2. 设施装备支撑大食物观

目前，我国设施蔬菜（含设施食用菌）生产面积近 3500 万亩，年产量达 2.65 亿吨，占总生产量的 1/3，年人均近 190 千克，基本实现了蔬菜和食用菌的周年充足供应，解决了长期困扰我国的"菜篮子"问题；我国畜禽产品供需基本平衡，奶类消费年均增速在 2% 左右，猪禽肉消费年均增速在 1%~2%，蛋类消费基本进入平稳期。据预测，我国 2030 年肉类、奶类、蛋类和水产品缺口将分别达到 4000 万吨、6000 万吨、1300 万吨和 2400 万吨。以奶类生产为例，我国养殖奶牛 610 多万头、年产 3400 多万吨牛奶，占全球的 1/3 以上，规模化养殖占70%，但目前 80% 左右还是人工挤奶，机器人化挤奶系统 100% 依赖进口。目前，我国设施农业、畜禽和水产养殖机械化率仅为 40% 左右，制约了设施农业生产能力和绿色可持续发展，迫切需要加强设施装备支撑，实现设施标准化、绿色化、智能化、精细化，提高生产效率、品质及安全水平。

3. 提升丘陵山区农机装备水平，实现全程全面机械化

推进丘陵山区机械化，是实现全程全面农业机械化的关键，也关乎全面推进乡村振兴。2021 年，我国主要农作物综合机械化率达到 72%，水稻、小麦、玉米三大粮食作物综合机械化率分别超过 97%、90% 和 85%，但我国丘陵山区农作物耕种收综合机械化率不足 50%，西南丘陵山区仅为 29%，严重制约了实现全程全面、高质高效农业机械化智能化。我国丘陵山区主要分布在 19 个省区市的 1400余个县市区，其耕地面积约占全国耕地面积的 1/3、农作物播种面积也约占全国农作物播种面积的 1/3，玉米、水稻、马铃薯、油菜面积占比分别为 28%、40%、79%、58%，果品、蔬菜、中药材、茶叶产量占比分别为 62%、37%、63%、93%，涉及农业人口近 3 亿人，也是易返贫的人口集中地。丘陵山区作物特色多样、生产农艺烦琐、地形复杂多变、生产规模偏小、耕地条件较差，约 3/4 的耕地坡度大于 25 度，机具"转运难""下田难""作业难"。南方丘陵山区水田面积占比达 51.71%，所需的关键环节，特别是栽种、收获环节的作业装备"无机可用""无好机用""有机难用"问题突出。丘陵山区对生产作业装备功能性能要求复杂多样多变，要求结构轻简化、操作轻便化、转运便捷化，技术攻关和产业应用难度大，要着力打通农机、农艺和耕地的"交接面"，走机械化、信息化、

智能化并行发展的道路，加快推进丘陵山区种、管、收、运等关键环节作业装备"从无到有"的突破和"从有到好"的整体提升。

4. 补齐装备短板弱项，推动种业振兴

种子被誉为农业的"芯片"，是农业"要害"问题，国家把种业振兴作为当前农业发展的重中之重。我国是育种、制种和用种大国，但不是强国，粮食作物制繁种面积近1500万亩，种子产量近60万吨，农作物种业市场规模达到1200亿元，是世界第二大种子市场。当前，我国主要农作物种业装备缺乏，机械化、智能化程度低，品种小区试验与繁育机械化水平低于5%，制约了种业提质增效发展。推进种业振兴，实现机械化、智能化是种业振兴的必由之路，因种子生产的精细、精准等要求，种业装备既有大田作业装备的通用性，更有专用性和特殊性，涵括了耕、种、管、收、储、运、加全部生产环节，市场需求规模相当于农业装备产业的1/3。发展从育种试验、制繁种生产、种子加工等全链条的种业装备，是农业装备拓展领域、延长链条的重点方向，对产业的带动性十分显著，也将进一步提高种子繁育生产效率和水平。

5. 自主可控发展实现农业装备强国

我国已成为世界农业装备制造和使用大国，农业生产已进入机械化为主导的新阶段，产业规模不断扩大，企业总数超过8000家。2021年，近1800家规模以上企业营业总收入达2800亿元，市场规模占全球的30%左右，国际贸易总量占全球的20%，能够生产4200多种农机产品，年产量500万台。全国农机总动力达到10.78亿千瓦，拖拉机保有量2173.06万台、配套农具4022.93万部，支撑全国农作物耕种收综合机械化率达到72%。总体上形成了整机多样化，通用件、关键零部件、整机装配等有效配套，科研、制造、检测、推广体系基本健全的产业体系。但我国不是农业装备强国，与世界发达国家差距还比较突出，约翰迪尔、凯斯纽荷兰、爱科、克拉斯、久保田等欧美日企业占据全球农业装备技术和价值链的顶端。当前，全球农业装备进入高效化、智能化、网联化、绿色化、体系化发展的新阶段，新能源、人工智能、机器人等技术渗透，带动农业装备技术变革和新兴产业孕育，要面向科技创新前沿和产业的急迫需求，掌握技术主动权，推进更多原创性引领性重大装备突破，引领农业装备产业整体提升。

1.3　我国农业装备产业面临的问题难点

1.3.1　突出问题

1. 产业散、小、弱

国内农业装备创新虽然形成了高校、院所、企业共同发展的局面，但企业创新主体地位并不突出。一方面，我国农业装备产业规模小、集中度低，年收入超过 50 亿元的企业不到 5 家，超过 10 亿元的企业不到 20 家，总体上处于欧美、日韩之后的第三方阵，潍柴雷沃重工股份有限公司（简称潍柴雷沃）、中国一拖集团有限公司（简称中国一拖）等国内排名前列的整机企业在国际上排名前 10 以外，缺乏具有国际竞争力和品牌影响力的企业。与世界农业装备第一强国美国相比，国内企业产品增加值率和利润率仅为国际领先水平的 50% 左右。另一方面，企业研发投入力度小，研发投入比例不足 2%，低于国内装备制造业平均水平，也远低于美国约翰迪尔、德国克拉斯等跨国企业超过 4% 的水平，仅美国约翰迪尔的年研发投入就高于国内企业年研发投入总和。不仅如此，约翰迪尔、凯斯纽荷兰、爱科、久保田、克拉斯、雷肯等 40 多家国外企业也进入我国市场，在拖拉机、收获机械、插秧机、农机具等大型高端、高性能装备市场方面凸显优势，并体现了技术的先进性、成熟性和产品的实用性。

2. 技术产品差距突出

我国的农业装备技术已进入以自主创新为核心的新阶段，基本保障我国当前现代农业发展需要。一是信息获取、水肥种药精量施用、工况与质量检测等技术奠定了农业全程信息化和机械化技术体系基础；二是大型动力、复式整地、变量施肥、精量播种、高效收获等关键技术突破，形成了适应不同生产规模的全程作业装备技术及产品体系；三是低碳环控设施、能源高效利用、精细生产与调控、数字化管理等关键技术取得了突破；四是分选分级、绿色保鲜、节能干燥、安全包装、品控溯源等配套设施装备基本完善。但目前与实现农业强国和发展高质高效绿色生态农业的需求相比，仍有较大的差距。全球农机产品品种超过 7000 种，我国仍有 30% 左右处于空白。我国产品以中小型、中低端为主，美国、德国以大型高端智能农机为主，日韩以中小型高端为主，拖拉机、联合收获机、植保机械、播种机械等主要农机产品平均故障间隔时间（Mean Time Between Failures, MTBF）仅为国外先进水平的 50% 左右。根据第 6 次国家技术预测，我国整体技术水平与美国、德国、日本等领先国家有近 20 年的差距，高效拖拉机、大型收获机部分技术方向差距更大。例如，动力换挡、电液悬挂等拖拉机节能增效技术比美国落后 40 年左右；多适应性、低损失的联合收获机纵轴脱粒技术比美国落后 35 年；电液控制、总线、传感等支撑智能精准作业的核心技术落后发达国家 30 年。同时，在农机前沿技术方面，我国农业机器人起步晚，大多还处于实验室阶段，而发达国家已有大田及设施嫁接、采收、分拣、除草、移栽等农业机器人进入商业化阶段，引领农业机器人技术与应用方向。

3. 产业应用不平衡不充分

美国等发达国家早在 20 世纪 60～70 年代就基本实现了农业机械化，进入大田、设施全程全面智能化生产阶段。我国目前主要农作物综合机械化率只达 72%，与基本实现机械化目标 90% 以上相比还有较大差距。我国农机作业效率只相当于国外的 60% 左右，水、肥、药施用利用率仅相当于国外的 70% 左右，收获及产后的损失率高于国外的 15% 以上；我国农业数字化水平仅为 23%，与实现农业产业全链条数字化差距较大。另外，丘陵山区、果蔬林茶桑草、设施农业、农产品加工等机械化率都只有 50% 左右，作物间、区域间不平衡不充分的问题还比较突出。

1.3.2 主要难点

1. 关键核心技术受制于人

国内农用低速大扭矩柴油发动机高压共轨技术主要采用欧美企业技术，在工况逻辑控制、高压泵、喷嘴等基础技术方面存在短板；而排放后处理技术，我国尚处于起步阶段，特别是标定测试主要采用欧美企业技术。国内农机传动技术仍以机械换挡为主，大型拖拉机中动力换挡技术逐步应用，适应田间复杂工况的无级变速技术尚在攻关，还未成熟应用。大型拖拉机智能电液提升与现代农机装备电液控制技术仍在初期阶段。在精准作业技术方面，我国农机专用传感器、作业变量控制等技术与国外相比有较大差距，主要表现在：缺乏基础数据和模型，高速精量播种、水肥药精量施用、高效低损收获控制精度、作业效率、可靠性等不高；同时，由于80%以上采用国外的开源底层系统、算法和传感器，农机信息安全、数据安全存在一定风险。

2. 高性能零部件依赖进口

我国高性能农机液压系统中泵、阀、马达的主要性能和控制技术与国外相比有较大差距，目前主要依赖进口德国、美国和日本的产品。国际上欧美和日本在大转角全悬浮转向驱动桥、轻量水田全密封驱动桥技术上处于领先水平，国内还没有掌握。湿式离合器摩擦片、轮毂材料与制造工艺技术，国内未掌握，全部自德国、美国、法国进口。犁体和播种机波纹圆盘等入土作业部件、精密排种器、植保与灌溉喷头、打捆机打结器、高性能割台等零部件主要自美国和欧洲进口。智能装备、农业大数据、智慧农业发展所需的高端农业传感器、智能控制元器件等均被国外垄断，对外依存度高达90%以上。

3. 重大装备自主化不够

我国大型无级变速拖拉机、高速翻转犁、大型采棉机、大型甘蔗收获机、高地隙自走式喷杆喷雾机等种植业装备，高效青贮饲草料收获机、大型打捆机、机器人挤奶系统等养殖业装备，以及旱作高速移栽机、苗木嫁接机等果蔬园艺生产装备，80%~90%主要自欧美、日韩企业进口。另外，新能源拖拉机、大型谷物联合收获机、机器人化大田生产作业装备、果蔬采收机器人等引领性农业装备自主化、商业化程度还不够，将制约我国在新一轮产业竞争中赢得主动权。

1.4　我国农业装备产业创新发展目标和重点方向

1.4.1　发展目标

以推进中国式现代化为目标，聚焦"战略必争、产业急需"，以保障粮食安全、树立大食物观、全面推进乡村振兴为重点，以"产业基础高级化、关键核心技术及基础部件自主化、主导装备产品智能化、产业链现代化"为主线，统筹兼顾、系统谋划、整体推进农业装备关键核心技术及基础部件与重大产品攻关，增强重大农业装备先进制造和应用能力，实现重大农业装备自主可控，形成以高端重大农业装备为引领的产业发展格局，大幅度降低关键核心零部件的对外依存度和实现高端农业装备国产化，助力高水平科技自立自强和打赢关键核心技术攻坚战，加快推进农机化和农机装备转型升级，实现"三步走"农业装备强国战略发展目标，走出一条中国式农业机械化智能化发展道路：

到2025年，关键核心技术自主化有效提升，自主创新能力显著增强，产业共性技术供给能力全面提升，显著提高我国农业机械化、智能化水平，高端农业装备占比提高至30%以上，主要农作物机械化率达到75%，进入世界第二方阵，追赶农业装备强国。

到2030年，构建以自主创新为核心的技术创新体系，形成新一代智能农业装备技术、产品、服务体系，创新能力基本达到先进国家水平，形成以智能装备为主导的产品格局，农作物耕种收综合机械化率超过80%，进入农业装备强国行列。

到2035年，农机产业基础高级化，原创技术源头供给能力大幅跃升，构建未来发展领先技术优势，形成产业链、供应链自主可控能力，助力高端发展，推进我国农机制造位居世界第二方阵前列，成为世界农业装备强国。

1.4.2 重点方向

聚焦实现产业基础高级化、产业链现代化和构建现代产业体系，围绕打赢关键核心技术攻坚战、节粮减损、种业翻身仗、黑土地保护和利用、农业绿色发展等重大需求，坚持全程全面机械化、大中小一体推进、高质高效绿色智能等中国式农业机械化智能化的发展思路，以引领性重大装备为突破口，统筹关键核心技术及零部件、高效绿色智能装备、引领性产业应用等攻关，形成自主可控的农业装备技术、关键核心基础部件、产品、制造、标准、服务和数据体系，推动发展新一代农业装备产业。

1. 新能源动力系统

围绕高效、节能、绿色等发展需求，聚焦大型化、多功能、新能源等发展方向，重点突破大功率柴油机节能及能量智能管理、全动力换挡、无级变速传动、全工况电液悬挂提升与电液控制等技术，突破柴电混合、纯电动、氢能动力、甲烷动力、太阳能等新型绿色能源动力系统适配和应用技术，开发柴电混合动力系统、能量及热管理系统、智能传动系统、大扭矩电动机等高性能零部件和系统，研制大型履带、柴电混动、大型电动等高效绿色拖拉机、机器人化动力平台。

2. 大田作业装备

围绕大幅提高规模化、集约化粮食作物和经济作物生产效率和水平，突破总线操控、作业工况和作业质量智能检测、作业参数智能调控等技术，突破土壤及环境智能感知与构建、高效传动及高适应行走、精准作业及监控、智能网联管理服务等智能生产技术及标准，研制耕、种、管、收生产智能机器人化作业装备，不断提升装备适应性、可靠性和智能化水平，推进大田作业装备由机械化智能化向机器人化发展。

3. 设施种植装备

围绕设施农业高效高质的发展需求，聚焦工厂化、智能化和可控化等发展方向，重点突破水肥自动比例混合、基于作物长势和需水量的水肥施用决策与控制、水肥一体化精准施用、作业远程监测与控制等关键核心技术，突破光、温、水、气环境智能调控的系统技术，研制园艺精细生产智能装备、植物工厂立体栽培及采收设备，推进设施种植装备向智能化、无人化方向发展。

4. 绿色养殖装备

围绕绿色养殖高效低碳的发展需求，聚焦规模化、智能化和精细化等发展方向，重点突破畜禽水产个体及群体生命与健康信息采集、生产精细监测及智能巡检、精量饲喂及投料、畜禽产品智能采集等关键核心技术，以及生产精细管控系统技术，开发节能绿色工厂化、立体化的养殖设施，研制分级分群精细饲养设备、养殖防疫消毒智能设备、单元式/转盘式挤奶机器人，推进养殖装备向绿色化、智能化、无人化方向发展。

5. 农业机器人

面向未来农业发展，聚焦大田种植、畜禽养殖、设施园艺、水产养殖等细分领域的智慧、无人生产场景，以智能计算、人工智能、新一代信息等为技术支撑，突破信息认知感知、算法模型、机器学习、自动对话等人机物高度融合技术，以及智能作业、全链管控、自主决策等端边云一体化管控技术，研制耕、种、管、收、加、养、储生产智能机器人化作业装备，不断提升装备适应性、可靠性和智能化水平，构建共享开放的农业作业系统，逐步形成以智能感知、自主决策、精准作业和智慧管理为基础的未来生产技术及装备体系，引领和支撑未来农业发展。

6. 丘陵山区农机装备

围绕丘陵山区、南方水田等适度规模生产全程机械化的重点和难点，以主要粮食作物和经济作物为重点，推进耕整、栽插、播种、植保、灌溉、收获等高效机械化作业，形成全程机械化作业体系模式与成套装备，推进多熟制生产和间套作生产，发展规模化、集约化和标准化农业，实现旱涝保收、高产稳产。

7. 农产品品质检测与分选装备

围绕农产品加工标准化、优质化、特色化、品牌化高质量发展，突破高频响作动核心器件、微量成分和安全信息在线无损检测、复杂背景高速目标识别、多光谱复合系统、激光诱导识别等技术，创制农产品分选无人化、预制菜原料高通量检测分选、果蔬/中药/茶叶等片状农产品高速检测分选、易伤易腐农产品品质在线检测分选等装备，实现从外部品质到内部品质的检测与分选，降低农产品产后损耗，提升农产品品质保障，支撑农产品产业健康发展。

第 2 章 农业装备产业发展现状

2.1 国外农业装备产业发展现状

1. 全球农业装备产业规模相对稳定，总体呈增长趋势

农业装备已经发展为集中度较高的全球化产业，2021 年其产业规模已达到 1450 亿欧元，欧洲、美洲、亚洲及非洲分别约占全球农机产业的 22%、35%、34% 和 3%。全球性贸易活跃，产业国际化明显。全球农业机械进出口额超过 1000 亿欧元，其中，欧洲、美洲占全球农机进口额的 75% 左右，占全球农机出口额的 85% 左右。从出口农机产品的种类来看，主要是拖拉机、草坪机械、收获机械，占比超过 60%，德国、美国、英国、日本和法国为主要出口国。从企业角度来看，跨国企业主要瞄准通用型产品走国际化的道路，即"卖全球"，强化产品通用性，在满足本国需要的基础上，依靠出口和技术本土化生产达到产品技术适应性和制造的经济型产能。从全球发展角度来看，"十四五"期间全球贸易和欧洲、美洲出口仍将进一步拓展，亚洲、非洲进口将逐步扩大，但上下游合作、产能合作可能放缓，产业链全球化将可能会有所萎缩，且重心已经从我国外移。

2. 跨国企业主导产业技术及竞争的格局依然持续

技术与资本合力竞争，加速全球产业链变革，农业装备产业集中度不断提高，竞争形式由技术主导向技术、资本主导转变，产业链竞争、创新体系和创新战略竞争成为竞争重点，日本和欧美等国家跨国企业通过以领先的技术优势占据产业价值链的高端，并通过强大的商业资本实现产业整合，推动全产业链、金融链和跨国发展，最具代表性的是美国约翰迪尔的技术领先和资本支持零部件协作、支持用户购销，爱科的资本为纽带的企业和产品整合。美国约翰迪尔、凯斯纽荷兰、爱科，日本久保田和德国克拉斯等主导了全球产业竞争，久保田、洋马

等日韩企业在中小型农机装备方面占据领先优势。2021年美国约翰迪尔、凯斯纽荷兰、爱科营业收入分别为440.24亿美元、334亿美元、111.38亿美元；日本久保田、德国克拉斯营业收入分别为123亿美元、50.4亿美元，占据产业前端；德国格雷莫、雷肯和韩国大同等企业在专业化特色机具领域占据高端。

3. 农业装备向自主化、智能化、多功能方向发展

全球农业装备进入以信息技术为核心的智能化阶段，并加速向自主化方向发展。农业装备高效化、智能化、网联化、绿色化成为主旋律，主要表现为以下几个方面：一是精准化，农业生产作业及管理由群体向个体、广域向局域、定量向变量的全生命周期精细生产调控，达到单粒播种、单株管理，实现了水、肥、药、光、热等生产要素的精准精量投入调控。二是高效化，大型农用动力、耕整与栽植复式作业、多种作物种子联合播种、水肥药一体化施用、多功能收获等技术获得突破。三是智能化，作业对象感知与跟踪、工况实时监测与智能测控，以及低损低耗高效作业的流程工艺、材料和部件等技术突破，实现了从单项监控功能向多目标、多参数智能控制的过渡，控制精度超过95%，甚至达到99%以上。

2.2 我国农业装备产业发展现状

1. 农业装备保有量持续增长，成为世界农业装备制造和使用大国

我国农业装备产业规模呈稳定增长趋势。受益于国家政策鼓励、资金投入、财税优惠等多个方面的扶持，同时随着科研、生产、市场环境等进一步的创新和发展，2021年全国农业装备产业企业总数超过8000家，规模以上企业达1776家，主营业务收入为2860亿元，总体规模约占全球的30%左右，预期未来年增速达到2%~5%。农业装备制造已基本涵盖各个门类，能够生产14大类、50个小类共4200多种农机产品，年生产主要农机产品500多万台（套），全国农业装备保有量增长达到12400多万台（套），农业装备原值近万亿元；2021年全国农业机械总动力为10.78亿千瓦，同比增长2%；根据国家统计局数据，2021年我国轮式拖拉机累计生产59.9万台，其中大型拖拉机（大于或等于100马力，1马力≈735.499瓦）9.9万台，同比增长18.9%；中型拖拉机31.3万台，同比增长

4.1%；小型拖拉机18.7万台，同比增长2.7%。根据中国农业机械工业协会统计数据显示，2021年行业收获机械骨干企业累计生产收获机械14.4万台，同比增长23.8%；水稻插秧机累计产量8万台，同比增长2.3%。

2. 农业装备产业集中度不断上升，区位优势和产业集群效应日益凸现

目前我国农业装备产品门类比较齐全，零部件供应体系基本能够满足中低端农机整机产品的配套需要，国产农机国内市场占有率稳定在90%以上。我国农业装备产业格局呈现以大型综合企业集团为引领，大、中、小企业并进的特点，民营企业、国有企业和外资企业共存，整机与零部件制造专业化分工、社会化协作，相互促进、协同发展，产生了一批技术优势明显、市场占有率较高、综合实力较强的龙头企业。潍柴雷沃、中国一拖等大型企业以可持续的创新能力、较强的制造能力及丰富的产品线逐步发挥引领作用；中机美诺科技股份有限公司（简称中机美诺）、新乡市花溪科技股份有限公司（简称花溪科技）、郑州市龙丰农业机械装备制造有限公司（简称郑州龙丰）、北京德邦大为科技股份有限公司（简称德邦大为）等中小企业发挥自身"专精特新"的优势，强化自我创新，专注细分市场，形成了较强的核心竞争力和较高的专业市场占有率；贵州轮胎股份有限公司、石家庄中兴机械制造股份有限公司（简称中兴机械）、中航力源液压股份有限公司（简称中航力源）等零部件企业在技术创新、产品开发、产业链协同中的作用提升。2021年国内农机龙头企业潍柴雷沃营业收入172.16亿元，江苏沃得农业机械股份有限公司（简称江苏沃得）营业收入99.43亿元，中联农业机械股份有限公司（简称中联农机）营业收入93.49亿元，中国一拖营业收入93.34亿元，山东时风（集团）有限责任公司（简称时风农机）营业收入70.87亿元，中国农业机械化科学研究院营业收入32.65亿元，前8家企业集中度超过50%，产业集中度进一步提升，同时形成了以山东、江苏、河南、浙江等为代表的中国特色农业装备产业集群。

3. 农业装备技术从改造仿制、引进消化吸收，进入以自主创新为核心的新阶段

农用动力机械迈向高端、多功能作业装备适合国情、智能机械技术初步应用、设施种植装备持续提升、设施养殖装备增加产能、保护性耕作机械改善生态环境、农产品初加工装备成套化进一步节能减损、智慧农业技术和装备走出实验室开始应用。信息获取、水肥种药精量施用、工况与质量检测等技术奠定了农业全程信息化和机械化技术体系基础，逐渐形成了机械化、自动化、智能化、集约化并联发展的格局，走出了一条大中小结合、农机农艺融合的绿色技术发展路径。

智能信息大数据新技术升级，产品结构调整加速，推进全程全面农业生产机械化。农业传感器、农业机器人及大数据、人工智能、信息技术应用，推进新一代智能农机装备性能提升、品种增加，并逐步融入智能农场、智能植物工厂、智能牧场、智能渔场、智能果园、农产品加工智能车间、农产品绿色智能供应链等。从主要农业机械制造来看，产品技术得到升级，产品结构调整加快，产品种类已由主要作物的耕种收环节向植保、秸秆处理、烘干等全程延伸，从粮食作物向棉油糖等经济作物，由种植业向养殖业、初加工业拓展。北方平原旱作区作业机械逐渐向全程化、大型化、复式、智能升级，体现作业的高效性；水田地区耕、种、管、收环节机械在基本满足需求的同时，加大了对烘干技术和设备的供给；丘陵山区及果菜茶等特色优势产业机械自创发展，开始解决"无机可用"难题；牧草生产、饲料加工、标准化精细饲养机械更加丰富，开始由单一机械向成套化、智能化、绿色化转型，提升养殖综合效能；自动导航等技术进入成熟化，催生无人农场开始试点和试验。

2.3　农业装备重点领域创新现状与趋势

2.3.1　新型农业动力装备

1. 国内外科技创新及产业发展现状

（1）新能源动力系统　国外开展了柴电混合、纯电、氢能和甲烷等新型动力技术在农业装备上的应用研究，创制了多种不同技术路线的农机新型动力系统及智能控制单元，并在拖拉机、植保机等自走式农业装备上集成应用。

国内在混合动力、纯电动动力、氢能动力拖拉机能量管理、协同调速、多工作端协同输出等关键技术方面开展了研究，创制了大马力柴电混合动力拖拉机。

但在能量使用效率、连续作业能力方面还存在一定差距，仍需在以下几个方面进行深入研究：新型动力系统构型优化设计方法、新型动力系统集成控制技术、智能控制单元共性关键技术、新型农机高续航及自主作业技术、新型动力农机整机创制与应用示范等。

（2）农业动力装备智能操控系统　国外的农业动力装备行业头部企业如约翰迪尔、凯斯纽荷兰、克拉斯等公司已基本实现拖拉机的驱动防滑控制，正在向基于机组作业质量、能耗和安全约束的智能协同控制的方向发展；德国博世力士乐（Bosch Rexroth）公司建立了世界领先的电液提升悬挂与位姿空间自适应技术体系，实现了力、位、滑转率综合自适应智能调整功能，形成了专利壁垒与技术垄断；凯斯纽荷兰开发了电子牵引控制终端，大幅改善了位姿调控精度和敏感度，增强了人机交互性。在智能控制单元技术方面，国外以 CANbus 物理层、ISO11783 协议层为基础，开发集成监测、规划及控制智能单元并应用于整机，约翰迪尔联合收获机 GreenStarTM 系统，具备智能控制、卫星导航等功能；克拉斯开发的 CEBIS 电子信息系统，应用于 AXION 900 系列拖拉机；芬特开发的 TMS 型管理系统，用于机组实时监控、分析和优化。

国内在农业动力智能协同控制与自动驾驶技术方面起步晚、研究少，还处在样机阶段。中国农业大学、河南科技大学等对经济性约束下的拖拉机速度与工作转速协同控制开展了研究，但控制模型功能较单一；中国一拖与华南农业大学联合研制了东方红 LF954－C、东方红 LF2204 超级拖拉机等系列无人驾驶拖拉机；山东海卓电液控制工程技术研究院在智能电液控制领域开展了研究，取得了初步成果；北京市农林科学院智能装备技术研究中心研发的无人驾驶系统在新疆、东北等地进行了推广应用；中国农业大学开发的基于 CAN 总线的玉米收获智能控制系统，可实现作物收割损失控制、自动对行及故障诊断等功能。但在非结构作业环境感知、复杂地形自动驾驶、强农时约束作业协同、开放农田环境主动避障、车身姿态精准感知与自适应调整、多作业端协同控制、总线控制网络等关键技术依然存在较多瓶颈问题，基于激光雷达和 CCD 的障碍物识别技术的控制精度不能满足多场景应用，已有样机需要不断迭代提升才能满足产品化、产业化的需求。

（3）农业动力装备高效传动系统　国外的头部企业已广泛采用动力优化匹配、全动力换挡、全功率无级变速等技术，并优化了大型拖拉机的自动化与智能化高效传动系统。国内实现了部分动力换挡技术，但全动力换挡技术尚属空白，无级变速拖拉机处在研发阶段，尚未实现商品化。中国农业大学、河南科技大学等对动力换挡结构设计、控制及 CVT 等技术进行了研究；潍柴动力股份有限公司（简称潍柴动力）开发了 240HP CVT 拖拉机动力总成；中国一拖研制了国内首台300HP 级重型动力换挡拖拉机、400HP 重型 CVT 拖拉机样机；潍柴雷沃、江苏悦达智能农业装备有限公司（简称江苏悦达）等也开展了动力换挡产品研发；山东海卓电液控制工程技术研究院在电液提升与电液控制领域开展了研究，并获得了自主产权的初步成果。但以大马力动力换挡拖拉机和无级变速拖拉机为代表的高端农用动力装备，整体上对外依存度高、原始创新不足、关键技术受制于人、核心零部件严重依赖进口。

（4）山区、丘陵和果园等农业动力装备系统

1）丘陵山区拖拉机。国外的丘陵山区拖拉机有改造型低地隙拖拉机、山地专用拖拉机、小型半履带/履带型拖拉机三类均已商品化广泛应用。第一类改造型低地隙拖拉机，通过降低普通拖拉机重心、加宽轮距、折腰转向等措施来提高其丘陵坡地作业的稳定性与转向灵活性，特点是重心低、爬坡能力强、侧向稳定性好、轴距短、外形尺寸小、转向灵活。其主要制造商有意大利 Goldoni、Valpadana、BCS 等公司，代表性产品如意大利 BCS 公司的 Volcan L80 山地型拖拉机，配备 2.4 升 Kohler 发动机，功率为 75 马力，转弯半径小，可通过座椅和操控台对折旋转实现双向驾驶。第二类山地专用拖拉机，可通过机身调平与机具自适应调整实现沿坡体等高线作业。其主要制造商有美国 Knudson、意大利 Gntonio carraro、瑞士 Aebi、澳大利亚 HTA、奥地利 Reform 和 Lindner 等公司，代表性产品如美国 Knudson 公司的 Hillside 山地专用拖拉机，具有车身调平机构，转向方式为独特的蟹型转向，车身可以进行自动调节以适应山坡地起伏的地面。第三类是小型半履带/履带型拖拉机，行走系统采用橡胶履带，动力传动系统采用静液压变速传动系统（HST）、液压机械无级变速（HMCVT），具有小型化、轻量化、低重心、通过性好、适应性强等特点。其主要制造商有日本洋马、久保田、井关等公司。代表性产品如日本洋马公司的 EG105 半履带拖拉机，采用前轮后履行走系统，驱动力和牵引力好，接地压力小，能够较好地适应湿烂地或倾斜的地面。

国内的丘陵山区专用型拖拉机处在科研样机阶段，无成熟产品。南方丘陵地区拖拉机拥有量仅占全国的 16%，主要为手扶拖拉机、微耕机和小型四轮拖拉机，普遍存在技术简单、作业中易倾翻、转向困难、作业速度慢、适应性及安全性差、不适宜湿烂田作业等问题。中国一拖、湖南农夫机电有限公司（简称湖南农夫）、中联农业机械股份有限公司（简称中联农机）、重庆鑫源农机股份有限公

司（简称重庆鑫源）等企业围绕丘陵山区水田专用拖拉机的需求，研发了 50 ～ 120 马力半履带/履带拖拉机，目前仍处于技术优化和性能提升阶段。重庆宗申农业机械有限公司（简单重庆宗申）与意大利巴贝锐公司合作，合资生产帕维奇 ZS554 铰接式拖拉机，广西合浦县惠来宝机械制造有限公司（简称广西惠来宝）研发了铰接式山地拖拉机，可通过前后桥的铰接实现车身扭转，提高了丘陵坡地作业的稳效性和转向灵活性，但产品在本土化、适应性等方面还有待提高。四川川龙拖拉机制造有限公司（简称四川川龙）、山东五征集团有限公司（简称山东五征）等开展了具有适应复杂地面和姿态调整功能的山地拖拉机研发，并形成了科研样机，研发成果尚未得到有效熟化和实际应用。

2）农用动力平台。20 世纪 60 年代，发达国家的丘陵山区多功能作业动力平台已在果园采收、枝条修剪有所应用，技术不断成熟，现正在向采收、喷药、中耕、除草、开沟、施肥等多功能方向发展。其主要制造商有英国 Genie 和 N. P. SEYMOUR、澳大利亚 GRENDON、美国 UpRight、日本筑水等公司，代表性产品如英国 Genie 公司的 GR12、GR15、GR20 型电动驱动平台，在自动调平控制精度、快速响应速度、调节平稳度等方面都达到了良好的使用效果。

国内的丘陵山区多功能作业动力平台成果已示范应用。新疆机械研究院、山东华兴机械股份有限公司（简称山东华兴）、杭州吉峰聚力农业机械有限公司（简称浙江吉峰聚力）研制了多功能果园升降作业平台、自走式果园升降平台等进行试验应用。在多功能作业机具搭载、作业稳定性和安全性等方面仍需进一步技术优化熟化。

2. 未来 5~10 年发展趋势及需求

（1）现代农业、生态农业、绿色农业等对高效智能环保农业动力的需求越来越迫切　我国面临低碳经济转型的重要时期，拖拉机及自走式农用动力装备具有量大面广的特点，日常作业过程中消耗了大量燃油，排放了大量废气，造成了严重的大气污染。《"十四五"全国农业机械化发展规划》中指出，要大力推进新能源动力、机电液一体化等技术在农机装备上的集成应用，加快创新发展大型高端智能农机装备。

（2）高效智能环保农用动力装备已成为我国农业装备科技创新的主攻方向　《农业装备发展行动方案（2016—2025）》中明确将研制大型动力换挡、无级变速拖拉机放在首要位置；《中国制造 2025》将动力换挡和无级变速大型拖拉机列为农业机械装备制造业发展的重点任务。当前，以大马力动力换挡拖拉机和无级变速拖拉机为代表的我国高端农用动力装备，整体上对外依存度高、原始创新匮乏、关键技术受制于人、核心零部件严重依赖进口，严重影响国家粮食安全和农业装备产业链、创新链良性发展。

（3）丘陵山区是我国重要的粮油和特色农产品生产基地，高适应性动力装备缺乏是制约丘陵山区机械化的关键问题　我国丘陵山区耕地面积为4668.6万公顷，占全国耕地面积的34.62%；播种面积为5673.10万公顷，占全国播种面积的34.20%。其中，粮食作物水稻、玉米、小麦、马铃薯播种面积分别占全国播种面积的39.60%、27.65%、15.84%、78.58%，油料作物油菜、大豆播种面积分别占全国播种面积的57.53%、27.56%，其他特色作物如茶园、果园、甘蔗、蔬菜播种面积分别占全国播种面积的93.39%、62.28%、62.78%、37.29%。但我国丘陵山区山高坡陡、道路曲窄、田块碎小、土壤黏重，且2/3以上的耕地为坡耕地，作物品种及栽培农艺繁杂，作业条件恶劣，耕、种、收综合机械化率不到50%，比全国平均水平低20%。近年来，我国在丘陵山区专用拖拉机、多功能作业动力平台上做出了积极的探索，并取得了一定的技术进步，但由于缺乏系统研究、资金投入、协同攻关，在高通过性、广适性、轻量化、稳定性、可靠性、多功能等方面仍存在许多技术难题需要破解，"无机可用、无好机用"的问题依然十分突出。针对我国目前特殊场景农业动力装备"无机可用，无好机用"的现状，尽快开发适于我国丘陵山区及果园复杂条件的轻量化、多功能实用动力装备，是加快补齐特殊场景农业动力装备短板、提升丘陵山区农业机械化水平的首要任务，对支撑丘陵山区和果园农业生产具有重要的现实意义。

（4）农业动力装备技术将向高效、系列化、多功能化、节能和环保、信息化和智能化、以人为本的方向发展　应用机型向专用型细分发展，当前各系列功率继续向大型化发展，传动技术由机械换挡向动力换挡、无级变速及混合动力方向发展，发动机排放不断向更高标准升级，电控液压技术在运动控制方面向电控化发展，在功率密度、高响应和耐冲击方面电液控制与传动仍然是发展方向并有发展潜力，电控自动联合控制技术也有了初步发展。企业由单一的产品向系统解决方案供应商转变。在整机方面，总体产品功率段需求不断上延，可靠性指标将进一步提高，发动机排放进一步降低，产品向高可靠性、高舒适性、安全性及低油耗方向发展。在传动系技术方面，机械换挡、动力换挡、无级变速及混合动力多种模块化配置，动力换挡、动力换向技术加速应用，开始涉足无级变速应用研究，同步器换挡、HST 传动技术、电液操纵等技术将在中小轮拖产品上得到更多的应用和发展。在电子控制方面，Can bus 控制系统应用加快，智能化、自动化程度将显著提高；整车管理上基于 CAN 总线技术的网络管理、3S（RS、GIS、GPS）技术的精准农业及远程通信快速发展。智能化数字化性能监视系统、虚拟终端得到普遍应用，可视化及实时性显著提高。拖拉机人机交互技术迅速发展，随着自动驾驶、田间管理等系统的引入，使得驾驶室内驾驶员的作业任务更加复杂，空间更加拥挤，人机界面的交互设计重要性日益显现。

3. 未来 5~10 年发展重点方向

（1）农业动力装备的新能源动力系统　突破多电机耦合驱动、农机新型动力系统专用电池仓及热管理、农机柴电混合动力、农机氢能混合动力、农机甲烷动力、电气化辅助系统及电磁兼容、低速大扭矩农用轮边电机驱动及牵引力动态分配、一体式静液压驱动单元国产化等核心技术。国产农业动力装备额定功率突破500 马力，传动效率达到 90% 以上，能量使用效率达到 90% 以上，基本实现操控电动化。农业动力装备的新能源动力系统达到国际先进水平，部分技术达到国际领先。

（2）农业动力装备智能操控系统　突破高精度自动导航、农机智能总线控制与通信标准化，突破田间作业路径自动规划与自学习优化、智能地头管理、电机辅助伺服操控、电液悬挂滑转率耕深自适应调控、田间环境多传感融合与精准避障等智能操控与自主作业更高水平技术，突破作物属性在线感知、集群作业云控制、复杂作业路径自动规划与优化虚拟终端、机身复杂姿态识别等智能操控与自主作业技术等核心技术。农业动力装备智能操控系统总体达到国际领先水平，国产农业动力装置的自主作业等级达到 L3 以上，衔接行间距精度达到 1 厘米以下，实现农机动力装置作业远程物联网云操纵。

（3）农业动力装备高效传动系统　突破全功率液压机械无级变速传动、复合传动系统动力特性及控制参数虚拟标定，突破全动力换挡、一体式静液压驱动单元国产化、低速大扭矩农用轮边电机驱动及牵引力动态分配等技术。国产农业动力装备额定功率突破 500 马力，传动效率达到 90% 以上，能量使用效率达到 90% 以上，实现新型农业动力高效动力传动技术达到国际领先水平。

（4）山区、丘陵和果园等特殊场景农业动力装备系统　突破丘陵山地农业动力装备及农机动力底盘四轮转向、超级转向等高灵便转向、机电液耦合传动、静液压无级变速等丘陵山地多源动力传动技术，以及电液比例输出与机具位姿多自由度调控技术、丘陵山地农业动力装备及农机动力底盘电动化核心关键技术，实现丘陵山地农业动力装备及自走式农机动力底盘技术总体达到国际领先水平。

（5）面向应用场景，创制系列整机动力产品 通过上述核心技术与瓶颈问题的突破与解决，结合设计集成优化技术与先进制造技术（AMT），创制400马力以上全功率无级变速拖拉机、400马力全动力换挡拖拉机，创制450马力无人驾驶柴电混合动力电驱动拖拉机、520马力氢能混合动力自动驾驶拖拉机、200马力纯电拖拉机、机器人化农业电驱动底盘产品，创制300马力以上重型双功率流履带拖拉机，纯电动山地轻量化无人驾驶履带动力底盘、系列纯电动多功能设施果园智能动力平台将成为今后新品创制的重点。

2.3.2 大田作业装备

1. 国内外科技创新及产业发展现状

（1）耕整地设备 国外的土壤耕作装备正朝着联合智能作业方向发展，高效、节能、少耕的机械化耕作技术，已成为国外耕作机具的发展方向。美国、法国等发达国家的田间拖拉机功率可以达360千瓦以上，与其配套的耕整地机械也随之向大型化发展。宽幅机械生产率高，单位幅宽成本低，便于采用先进技术和提高作业速度，改善机具作业性能。部件和机具组合形式多，可根据土壤条件和不同作业要求，组成多种配置方式。与拖拉机配套方式多，可后牵引、后悬挂，也有前悬挂、后牵引等组合，实现了一机多能。例如，翻转犁向宽幅、高速方向发展，半悬挂犁幅宽已达6米，一般在5铧以上，最多可达18铧，作业速度达10千米/小时，且耕幅可调，液压自动控制翻转，代表产品有德国半悬挂式翻转犁 Varititan 和法国 Multi-Master、Vari-master 系列犁；旋耕机向宽幅、深耕、变速、多功能方向发展，作业速度达20千米/小时；动力驱动耙幅宽一般为4~6米，如德国动力驱动耙 Zirkon10 和法国 HR1040R 系列的动力驱动耙。深松整地联合作业机与大功率拖拉机配套，其幅宽可达7米以上，能够一次完成灭茬、浅松、深松、合墒、碎土镇压等多项作业，既可减少作业次数，减轻机具对土壤的压实破坏，有效缩短作业周期，节省人工，减少能耗，争取农时等，还有利于保持土壤水分，从而达到农作物稳产高产的目的。德国耕－耙联合机具的半悬挂犁与滚齿耙构成组配式联合作业机组，一次作业可完成犁耕及耕后表层碎土。联合整地机械已具有耕深和水平自控调节、快速换刀、快速挂接、自动过载保护等功能。土壤质量快速检测电化学技术应用，实现了土壤盐分的三维空间信息采集，建立不同地块土壤养分分布及空间变异模型，提升作业质量。美国 Trimble、Topcon 等公司在激光平地高程控制基础上实现了地形测量、作业量及工作时间计算和自主导航。犁铧、耙片、耙齿等入土部件重量轻，强度大，韧性好，热处理加工工艺领先，坚固耐用。

我国的耕地提质装备主要包括旋耕机、深松机、铧式犁、圆盘耙、联合整地机等，主要作用是疏通土壤、透气蓄水、覆盖杂草与残茬、防止病虫害，为作物的生长发育创造良好的条件。在高性能的耕地提质工程技术与装备方面已开展相关研究，但现有机械产品还不能满足农业低成本、高可靠性、多对象的适应性要求，未形成成套实用的可靠装备，迫切需要开展农田提质工程技术与装备系统性研发。我国液压翻转犁多为 3 铧、4 铧，最多不超过 8 铧，整机笨重、效率低、油耗大、作业效果与国外产品有差距；犁铧、耙片、驱动耙耙齿等各种入土作业部件与国外产品相比差距较大，如国内生产的犁铧和耙齿使用寿命只有国外进口产品的1/2。在激光平地与标准化筑埂技术与装备方面，现有激光平地机作业幅宽小、效率低；激光系统作业半径小，难以在大风大雾等气候环境中作业。我国筑埂机械缺乏，主要依靠人工，标准性与修筑质量差。在土壤质量快速检测技术方面，国内研究侧重于光谱、生物传感及电化学技术，光谱传感器成本高、环境条件适应性差，而生物传感器很难实现在线式检测。在土壤电化学方面，北京师范大学、中国科学院南京土壤研究所等单位研究较多，但对土壤修复精准施放控制技术的研究鲜有报道。在残膜回收技术与装备方面，已有土表残膜回收等相关技术与装备，由于地膜薄、强度低、韧性差、碎片小而多，机具拾净率低，亟待提高。

（2）播种作业装备　国外的播种机械技术发展成熟。技术引领性体现为气力式排种逐渐取代了机械式排种，实现精密（量）播种、高速播种作业抢播期且提高播种作业效率、种肥流量与播施深度和覆土镇压力测控等保障种子着床达到苗全、苗齐、苗壮的播种质量。产品先进性体现为实现高速宽幅气流输送播种提效率、单体随地仿形保质量、苗床整备与播种施肥一体增功能。机型实用性体现为高"三化"水平减少成本、多传感监测实现远程运维、应用液压折叠方便转场、精量条播与精密穴播满足多样化。使用的播种机作业速度达 16 千米/小时以上，最高可达到 20 千米/小时，小麦播种最高行数达 60 行以上。

我国的播种机产品种类齐全、机型品种多样，有适合农户的小型播种机，有适合合作社的中型播种机，也有适合农场规模化的大型播种机，小麦和玉米主要作物基本实现了播种的机械化。但在马铃薯、油菜等作物方面，播种机械化由于种植农艺和区域差异，机械化播种发展相对滞后且不平衡。排种器结构原理多样，现有机型应用主要以机械式排种为主，有适合条播的外槽轮式，也有适合穴播的指夹式；气力式排种器技术研究相对成熟，但受到使用者经济承受能力等外在因素的制约，用量相对偏少。播种单元部件结构类型繁多，具备仿形的开沟、施肥、播种、覆土、镇压一体化功能部件的成熟度达到实用化，应用的普及性逐步提高。种子和肥料的流量检测、播深测控、面积计量等技术系统已经搭载应用，并在粮食主产区结合信息云平台进行大面积推广。适合高速播种方式的系统性技术、宽幅播种的产品技术、不同区域适应性的免耕播种施肥技术、大豆玉米带状种植模式的播种技术、南方黏性土壤的稻麦油菜轮作播种技术、马铃薯起垄播种施肥覆膜播种技术等，已经开展主产区农艺和播种机作业联合试验和规范性模式优化。目前全国播种机制造企业有 400 多家，年产供 15 万~20 万台，主要分布在河北、河南、陕西、山西、安徽、山东、东北等地。由于各地区土壤质地、农业种植方式差异较大，造成播种机的机型差别也较大。市场常用播种机的作业速度为 4~8 千米/小时的占到多数，最高速度达 14 千米/小时，播种机的播种质量达到国家标准的相关规定。高速化、宽幅、苗床整备播种施肥一体化高效播种机成为发展的重点，免耕播种施肥播种机仍要解决秸秆破茬、苗带清理、播深与镇压保障等技术难题和部件可靠性，适合高速播种的精密（量）排种器、系列化气力集中输送系统、物流流量测控、镇压力测控等技术和部件优化，达到低成本实用化。

（3）植保机械作业装备　欧美等发达国家的植保机械以中、大型喷雾机为主（自走、牵引和悬挂），现代微电子技术、仪器与控制技术、信息技术等许多高新技术现已在发达国家的植保机械产品中广泛应用。一是提高了设备的安全性、可靠性及方便性；二是满足越来越高的环保要求，实现低喷量、精喷洒、少污染、高功效、高防效，以实现病虫害防治作业的高效率、高质量、低成本。国外的植保机械正朝着智能化、光机电一体化方向快速发展。针对大田作物普遍采用大型悬挂式或牵引式喷杆喷雾机，药箱载药容积为 5000~10000 升、喷幅达 18~52 米，作业速度达 8~10 千米/小时，配套拖拉机功率为 58.8~73.5 千瓦甚至更高，尤其是适合作物生长后期需要的高地隙植保机械，地隙高达2米。针对果园种植，在实施标准化的果园种植条件下，欧美等发达国家广泛使用风送式施药技术装备，丹麦HARDI公司、法国BERTHOUD公司、日本丸山公司等企业的产品在国际上处于技术领先地位，采用果树精准对靶施药技术，经过超声波及激光传感器进行果树靶标信息的探测和识别，建立靶标外形（体积）模型，基于模型研制了风送式对靶变量喷雾机，多风机、多柔性出风管等对靶喷雾等施药，提高施药的针对性，适当减低风速，减少飘移，提高农药利用率。

我国的机动植保机械保有量大幅增长，除大型自走式喷杆喷雾机外，出现了植保无人机、地面无人驾驶喷雾机器人等新技术机型，植保机械化作业面积不断扩大。精准施药、循环喷雾、仿形喷雾、防飘喷雾、低空低量航空喷雾、智能植保机器人等技术达到成熟化水平，开发配套的新型药械在生产中发挥了重要作用，实现了防治病虫草害农药减量施用的目标。

（4）收获作业装备　世界的主要发达国家在20世纪已实现农业机械化，智能化收获质量检测与作业参数调控的研究起步早。美国约翰迪尔与凯斯、德国克拉斯、意大利纽荷兰公司是世界上生产大型高端轮式联合收获机的代表，生产的机型代表了当今世界的最高水平。销售到我国的代表机型有约翰迪尔公司的S760、凯斯公司的AF7130、科乐收公司的470、纽荷兰公司的CX8.70。科乐收LEXION8900、芬特IDEAL10T、约翰迪尔X9等先进机型，发动机动力为690马力以上，作业幅宽为9.3～15.2米，卸粮速度为180升/秒以上，粮仓容量为16000升以上，每小时可收获小麦180亩以上；行走底盘普遍采用高中低三档变速箱的电控换挡、轮履通用、单泵双马达驱动补偿等技术，拥有承载能力18吨、22吨、25吨级电控液压换挡底盘；普遍配置柔性仿形割台，可根据田间工况自适应地形和自动调控割茬高度，最大收获幅宽为15.2米；GPS、GIS和RS系统成为标配，安装籽粒损失与破碎、含水率与流量等在线监测系统和故障诊断与预警系统，对割幅续接、依据负荷的作业速度和脱粒清选装置进行智能化控制；配备物料喂入调节装置、脱粒分离调节装置、清选系统自动调平装置、复脱性能监控系统等，脱粒滚筒和清选风扇转速、清选筛片开度依据作物及田间作业情况实现自动调整，极大地提高了联合收获机的收获效率、收获质量，降低籽粒损失率和部件故障率。有些机型还具有自主作业功能，操纵人员只需观察各个监控系统的参数，即可轻松地应对田间作业；整机可在最大收获效率和最小收获损失率两种模式下切换，进行智能收获，对水稻、小麦和玉米的适用性强，但在其他作物收获时，脱粒清选装置通用性较差，收获损失率仍有降低空间。履带式联合收获机，除了欧美大型联合收割机之外，还有适应丘陵山地、水田收获作业以日本久保田 PRO688Q、洋马 AW85GR 等为代表的中小型机型，采用电控液压无级变速底盘，具有良好的湿烂田块通过性，在底盘传动技术、智能化控制技术等方面具有先进性、适应性。

我国的谷物收获机械，旱田以轮式为主、水田以履带式为主，与欧美的对比属于中小机型，适合于我国目前的生产力水平。市场应用的主要机型发动机动力一般为190马力左右，作业幅宽在6米以下，喂入量在10千克/秒以下，粮仓容量为2800升左右。制造企业主要有潍柴雷沃、中联农机、新疆新研牧神科技有限公司（简称新研牧神）、星光农机股份有限公司（简称星光农机）、山东巨明机械有限公司（简称山东巨明）、江苏沃得、中国一拖等，收获机械的产品技术性能达到国家标准的相关规定。近几年，中、小型联合收获机仍是主流，最大喂入量为12千克/秒。开发的6～10千克/秒喂入量的稻麦联合收获机成为市场主打机型，代表机型有雷沃谷神4LZ-10M6、中联农机 TE100、新疆牧神 4LZ-8 等，喂入量为12～15千克/秒的联合收获机搭载智能测控系统达到量产程度。玉米茎穗兼收联合收获技术适合国情、应用发展普及，适合高含水率玉米籽粒直收，降低破碎率技术有所突破。但大部分收获装备的关键部件通用性较差，同样存在水稻、小麦和玉米以外的作物收获效果不理想的难题需要解决。初步搭载关键部件参数监测、显示和报警的简单检测功能，如对风机、脱粒滚筒、复脱器、发动机等部件的监测。智能测控功能还需加大实用技术研究，作业参数监测相对独立，工作部件间无控制关联，难以实现收获过程的割台自动仿形、喂入自动调节、整机自动调平等控制；在工作过程中利用控制器实现故障自诊断、作业工况监测和作业质量跟踪监控等保障手段还未应用，难以在此基础上形成有效的监控、服务、运维体系；谷物流量传感、损失传感等影响智能化的技术需要朝着低成本、应用化迈进，以促进自主作业的逐步实现。从利用最佳收获时机抢收、高标准农田建设推进等市场需求角度来看，我国的收获作业装备将向大喂入量、智能化、多功能、自主作业方向发展。

2. 未来5~10年发展趋势及需求

（1）耕整地向复式多功能化发展，体现高效节能提质　复式作业和联合作业机械不断发展。耕整地机械将由过去单一功能的机具进行多次作业方式，集成数道工序合并到一种机具上，通过一次作业完成，达到充分利用功率、降低油耗、节约劳动时间、减少土壤压实的效果。传统的旋耕机围绕不同区域农艺要求，通过和灭茬、起垄、镇压、施肥、深松等功能的有序组合，形成不同的复式农机产品，功能和效率得到进一步加强。多功能联合整地机、浅翻深松机等新机具有望占领部分传统机具耕作领域，成为耕整地机械的新生力量。

（2）播种向宽幅高速发展，体现抢种的高效率　为满足播种的宽幅高速，播种机行数不断增多，小麦的最多播种行数达上百行，玉米、大豆的也都达 30 行以上；发展液压折叠式机架技术，实现宽幅作业、窄幅运输；发展导航定位系统技术，接行精度达到 2 厘米，已代替划行器，作业速度由 8～12 千米/小时发展到 15～20 千米/小时；发展精密（量）排种技术，采用先进制造手段，提高种肥气流集中输送系统、气力式排种器水平，缩短补肥补种频次，提高排种精度，降低伤种率；发展基于墒情的覆土镇压力测控技术，保障种子良好着床；发展播种施肥精准化节本增效技术，利用卫星定位系统实现基于处方图的变量播种、种侧种下侧深施肥；发展种肥施用监控技术，对漏播、重播进行声光报警、定量统计、显示播种株距、漏播率、重播率和合格率等。为满足复式作业，发展破根切茬、深松整备、开沟、施肥、播种、镇压等复式作业及免耕一体化新型种植模式。

（3）植保机械向高效精准施药发展，保护环境、利于安全　为满足施药的高效精准，优化施药喷头喷量、雾液量分布均匀性、喷雾角、雾滴粒径等；优化系统调控技术，减少系统压力变化对喷头雾化与雾滴大小的影响；开发多类型的系列喷头，包括空心和实心圆锥雾喷头，大喷雾角、小喷雾角、均匀扇形雾喷头、防漂移喷头、撞击式喷头、射流喷头、变量喷头等；发展低成本喷头耐磨材料与制备技术、精确成型技术，同一种型号喷头的喷雾量误差控制在 ±5% 以内，300 小时内流量一致性变异系数小于 3%，提升喷头精度和寿命；发展大田使用的宽幅喷杆喷雾机技术，优化喷杆结构和材料使之轻量化，优化宽幅喷杆的自主防震平衡技术，保障安全性；发展高地隙大型喷杆喷雾机；发展智能化喷雾测控技术、对靶喷雾技术、田间病虫草害检测配套技术、自动配混药技术；发展果园风送式、篱架式喷雾技术和设备等。

（4）谷物联合收获机向大喂入量、一机多功能发展　国外的谷物联合收获机充分满足规模化生产的农时抢收大喂入量需要。大喂入量体现在收获小麦割幅达 15.2 米，收获玉米割幅达 24 行，配套动力在 690 马力以上；收获作业高效化，降低卸粮辅助作业时间，粮仓容量在 16000 升以上，卸粮速度在 180 升/

秒以上，采用跟车卸粮方式，每小时可收获小麦 180 亩以上。为满足收获的大喂入量，发展柔性仿形割台技术，使宽幅收割尽量适应地形；发展流量传感器技术，根据不同地块的作物生长状况自动调节车速，防止输送系统堵塞；发展谷物脱粒分离装置调平、分选筛孔调整、分选风量调整等技术，降低收获筛分的夹带损失；发展机电一体化和自动化技术，驾驶室具有空调功能、座椅具有按摩功能，改善驾驶员的工作条件；关键工作零部件具备传感功能，测控其工作状态；作业自动导航与调节对行功能，减少植株的推倒率和漏割重割率；发展自主作业的智能化技术，具备星地导航、自动驾驶、自动调整、实时测产、集群协同等功能，出具产量地图、土壤肥力图，作业数据传输功能；发展一机多功能技术，通过更换割台、作业速度、脱粒分选参数调整，满足稻麦、玉米、大豆等一机多收，提高通用性和多作物收获适用性。

3. 未来 5~10 年发展重点方向

（1）高效智能耕整作业装备　针对产品配套比例偏低、装备智能化程度低的问题，重点突破复合耕整、主机和耕整地机械配置技术，提升多种金属、复合材料、特殊钢材等专用农机材料，以及液压、气动、机电一体化、信息化技术的综合应用，广泛采用绿色数字化设计、激光切割、柔性生产线、各类工业机器人等先进设计手段和装备替代传统的机加工设备和工艺，构建耕整地机械数字化计量技术及作业状态信息技术，进行精确化作业，达到最佳配置状态，形成现代化耕整地机械自主化技术装备体系。

（2）高速精密播种装备　针对玉米、小麦、大豆、油菜等主要粮油作物高速高质量播种作业中的技术瓶颈问题，重点突破谷物高速气流输送式条播排种、玉米/大豆高速气吸式精密排种、小粒种子精少量排种、自适应播种深度控制系统、大根茬种床整备、幅宽液压协同控制等关键技术；研制智能化谷物气流输送式排种系统、智能化玉米/大豆气吸式精密排种器、小粒种子精少量排种器、玉米/大豆高速气吸式精密播种单体、玉米机械式精密播种单体；集成开发谷物高速气流输送式精量条播机、玉米/大豆高速气吸式精密播种机、玉米机械式精密播种机，播种作业速度大于或等于 16 千米/小时，实现精准播施、播种质量达到或超过标准要求。

（3）自走式机器人化喷药装备　围绕旱田、水田和果园植保机械技术方向，开展适用于自走式植保机械的液压行走驱动与轮边减速系统、车架仿形缓冲和可调轮距转向系统，喷杆架轻量化、自平衡及避障电控系统，变量施药等关键技术研究，开发适用于无人植保环境下的喷药系统，研发智能化旱田大型高地隙自走式喷杆喷雾机、规模化水田低量施药自走式喷杆喷雾机及果园精量施药喷雾机，大型地面高效无人高地隙自走式喷杆喷雾机，地隙高度大于或等于 1.35 米，喷杆长度大于或等于 24 米，药箱容量为 2000～3000 升，行驶路径与规划路径偏差小于或等于 10 厘米，施药量为 150～450 升/公顷。

（4）多作物大喂入量智能化轮式收获装备　针对国内大型联合收获机用玉米、谷物、大豆割台核心部件可靠性差和不同粮食作物籽粒形态、比重、含水率及脱出物构成差异大等问题，重点突破宽幅玉米、谷物、挠性割台，自动调节的新型脱粒清选技术与部件，关键零部件及整机作业可靠性仿真与验证，以及水稻、小麦、玉米、油菜、大豆等作物收获适宜性田间试验关键技术，集成多作物通用割台、低损高效收获脱粒清选装置，以及承载能力在 18 吨以上的轮式底盘、水田履带式底盘和收获作业智能测控系统等关键部件，创制单纵、切单纵、双纵、切双纵脱粒方式的多作物大喂入量智能化轮式/履带式收获装备，提高收获装备的作业性能和整机产品的可靠性。

2.3.3　设施种植装备

1. 国内外科技创新及产业发展现状

（1）立体化栽培设施与设备　美国、荷兰、日本、意大利等国家研究开发了不同形式的立体栽培。20 世纪中期，立体栽培模式首先在发达国家发展起来，如多层立体栽培、垂挂式立体栽培、旋转式立体栽培等，主要目的是充分利用光合作用，增加单位面积的产量。

经过多年的探索，目前国内该项技术已经基本成熟，并在不断发展和提升。20 世纪 90 年代，我国开始立体栽培模式及技术研究，经历了由平面多层向圆柱体、多面体转变，已形成平面多层、圆柱体、多面体、幕墙式、垂挂式、管道式等多种栽培形式。

（2）环境自动调控系统　发达国家的温室智能控制技术已经达到完备。使用计算机可以集中控制温室内温度、湿度、光照强度等环境参数，温室内环境参数可以通过控制开窗及拉幕电机、暖风机、风扇等温室设备自动调节。目前，随着计算机技术飞速发展，人工智能技术开始被普遍应用于温室控制。荷兰将差温管理技术用于温室环境的自动控制，实现了花卉、果蔬等产品开花和成熟期的调控；日本将各种作物不同生长发育阶段所需的环境条件输入计算机程序，以光照条件为始变因素，温度、湿度和二氧化碳体积分数为随变因素，当某一环境因素发生改变时，其余因素自动做出相应修正或调整，使这 4 个环境因素始终处于最佳配合状态。

我国的温室环境自动控制技术已经完成了从引进吸收、简单应用阶段到自主创新、综合应用阶段的过渡。我国的智能温室控制系统发展比较晚，但是发展速度比较快。孙小平对温室中的供暖设备、风机、LED 灯与其相对应的调控参数（如温度、光强等）之间的关系进行研究，寻找其相关函数关系，实现温室环境自动调控；张漫等设计了作物光合速率预测模型，将实时监测光照、温度及二氧化碳浓度输入预测模型中，获取相应的二氧化碳浓度最佳目标值，从而实现温室二氧化碳自动调控；李雅善等拟合设计出了多元非线性光合速率预测模型，可进行光饱和点寻优，确定了温室作物在不同光强条件下的环境参数最佳目标值，实现了温室光强自动调控。但以上研究多针对温室环境中单一环境变量进行调控，难以实现温室环境多参数自适应调控。

（3）作物生长信息监测系统　发达国家已广泛将其应用到设施农业生产。20 世纪 80 年代，美国就建立了 AGRICOLA、AGRIS 等多个农业网站，包含多个大型信息服务系统和农作物生长模拟系统，给农作物生长提供完善的信息服务；日本开发了用于监测大面积农田的无线网络，通过 Wi-Fi 实现离散的传感器节点通信，并将信息通过 GPRS 传送到远程服务器；德国各州农业局开发了农业数据信息管理系统、植物保护数据服务系统，对采集的数据进行全面分析，根据分析结果为农户提供一些技术支持，如提高农作物产量及预防灾害等技术；澳大利亚的农情信息系统可以对农业自然资源、生态环境、农作物种植和产量等领域进行预估。Erica Ceyhan 结合作物生长的外部环境因素分析了环境变化对作物品质的影响。

我国的物联网技术在农业领域中取得了较好的成效，产品基本可以满足设施园艺作物生长的要求。中国农业大学精准农业实验室基于蓝牙技术，开发出无线温室环境信息采集系统；国家农业信息化工程技术研究中心基于 PDA 和背夹式 DGPS 设备开发了农田信息采集系统；浙江大学开发了基于 GPS、GIS 的便携式计算机农田信息处理系统；中国农业科学院建立了农作物生长监控中心，监测点遍布全国小麦代表区域，将影响小麦生长的环境因子传送到监控中心，监测点分布范围广，数据更具代表性；中国科学院遥感应用研究所研发了一套农作物数据系统，可以实现数据采集和传输的功能，并能通过手机进行实时监测，在大田数据采集中具有良好适用性。

（4）设施育苗精量播种成套装备　国外的穴盘育苗播种机发展起步较早，已有 50 多年的发展研制历程。经过多年的发展，国外研制出了多种机型，各类产品比较成熟，自动化程度较高。目前，国外生产穴盘育苗播种机的公司主要有美国的 Blackmore 和 SEEDERMAN、英国的 Hamilton、意大利的 MOSA、荷兰的 VISSER、澳大利亚的 Williames 及韩国的大东机电等，效率可达 1200 盘/小时，进盘、播种、覆土、洒水、叠盘等全部实现自动化作业和智能化控制。

国内在这个方面的研究起步较晚，但取得了很大的进步，技术已经相对比较成熟，较为普遍应用。"八五"期间，农业部和科技部先后将穴盘育苗技术研究列为重点科研项目，在全国建立 5 大穴盘育苗示范基地，全国的农机科研单位和生产企业也跟进研究相关技术，研发出了多种穴盘育苗播种机，使我国的穴盘育苗播种机得到了快速发展，缩小了与国外的差距。开发的半自动播种机效率为 200 ~ 600 盘/小时，全自动播种装备效率可达 800 盘/小时以上。

（5）嫁接成套装备　国外已开发出多种全自动嫁接机并开展应用。20 世纪 80 年代日本率先在国际上开发嫁接机。1993 年井关公司开发出 GR–800B 型半自动（人工单株上、下苗）瓜类嫁接机，1994 年洋马公司也开发出全自动（整盘上苗）茄类嫁接机，2009 年井关公司又推出了全自动瓜类嫁接机。2004 年韩国 Helper Robotech Co. 2004 年开发出类似日本 GR–800B 型的 GR600CS 型半自动嫁接机，Ideal System 公司开发出全自动茄类嫁接机。2010 年荷兰 ISO 公司研制出全自动茄类嫁接机。意大利 Tea 公司也于 2010 年推出了半自动茄类嫁接机。嫁接机的嫁接效率可达 800 ~ 1000 株/小时，嫁接成活率可达 98% 以上。

国内的蔬菜嫁接机尚处于起步阶段，1998 年中国农业大学率先开发出 2JSZ–600 型半自动嫁接机。东北农业大学于 2006 年研制出了 2JC–350 型插接式半自动嫁接机。2010 年华南农业大学与东北农业大学合作推出了 2JC–600 型半自动嫁接机和 2JX–M 系列嫁接切削器，研究了全自动瓜类嫁接机。2011 年国家农业智能装备工程技术装备研究中心开发出贴接式嫁接机，浙江理工大学和浙江大学也开展了嫁接机研究。目前，半自动蔬菜嫁接机已在我国日光温室、大棚等设施蔬菜种植基地应用。我国自动嫁接机效率为 600 ~ 800 株/小时，半自动嫁接机效率约为 400 株/小时。

（6）设施移栽机械　国外的温室设施钵苗移栽机研究起步较早，已由简单的钵苗移植、剔苗、补苗向分级移植和裸苗移植等方向扩展。早期移栽机通常以工业机器人为主体，通过安装不同的末端执行器完成移栽作业任务。20世纪90年代初，日本、英国一些院所针对穴盘苗和组培苗移植技术展开研究。21世纪初荷兰设施农业装备生产企业Visser、TTA等公司开始生产穴盘苗移植机械。经过几十年的发展，欧洲目前已涌现出Flier、Ubinati和Tea等一批设施移栽机生产企业。

我国的温室钵苗移栽机起步较晚，20世纪90年代初国内才开始相关机械的研究。1991—1999年，吉林工业大学针对空气整根营养钵育苗开展了一系列研究，包括穴盘设计、播种装置和移栽装置的研发。2000年以后，国内出现了一批具有龙门架式结构的温室穴盘苗移栽机，其中的典型代表为2005年中国农业大学设计的生菜自动移栽机。2011年北京京鹏环球科技股份有限公司研发了穴盘苗自动移栽机。2012年北京智能农业装备研究中心研制了一种基于三坐标平移串联机器人机构的花卉幼苗自动移栽机，该机基于视觉系统可实现幼苗和空穴的识别。2017年浙江理工大学等研发了一款带有视觉检测功能的温室钵苗全自动移栽机流水线产品，可实现劣质苗识别并将其剔除。2019年江苏大学基于RGB-D相机提出穴盘苗智能检测方案和智能分选–移栽–补栽一体机整体方案，设计的机器当移栽循环为1000次/小时时作业效果最佳，补栽成苗率达到99.33%，对应的换盘移栽效率为5000株/小时。

（7）水肥一体化装备　以色列、荷兰、美国等都已经普及推广水肥一体化技术，并形成灌溉施肥机系列产品，比如以色列NETAFIM公司的NetaJet和Fertikit系列，Eldar-Shany公司的Frtimix系列，荷兰PRIVA公司的Nutri-line系列，韩国普贤BH系列等灌溉施肥机。这些灌溉施肥机能够精确提供作物需要的养分和水分，有些还可以根据作物类型、不同生育期特点、环境参数等提出不同的灌溉策略，实现智能化灌溉施肥。

国内的水肥一体化灌溉产品，形成了膜下滴灌、积雨补灌等多种水肥一体化模式，开发了规格多样的水肥一体化装备，基本满足国内农作物的需求。水肥一体化技术主要通过喷灌、滴灌和微喷灌方式实施，其系统主要由水源工程、施肥装置、过滤装置、管道系统和灌水器等组成，常用的施肥方式包括重力自压式施肥法、压差式施肥法、文丘里法、注肥泵法和水肥一体机等。

（8）设施种植多功能作业平台　国外的多功能作业平台研究起步较早，果园作业平台在欧美得到较大规模应用。欧美等西方国家早在 20 世纪 60 年代就开始了相关研究与探索，主要应用于果园。通过试验发现，采用作业平台的桃园工人修剪效率比使用扶梯的工人修剪效率平均提高了 34%，收获效率平均提高了 59%；同时使用作业平台的工人手臂抬高、躯干前弯、重复性、心率和自感劳累程度均低于使用扶梯作业的工人。日本则根据本国丘陵地形多的特点，发展出适应本国地理条件的小型化果园作业平台。针对设施农业生产，也开发出用于温室及植物工厂的大型多功能作业设备，实现省力化作业。

国内的多功能作业平台研究起步晚，是以传统农用运输机具底盘为平台进行开发的，正处于样机研发阶段。2007 年由新疆机械研究院研制的 LG-1 型自走履带式多功能果园作业机正式亮相，主要由行走底盘和升降机构组成，搭配空压机、发电机及喷雾系统，实现果树修剪、果园喷药、果实采收、果品运输及动力（照明）发电等功能。在此基础上又研发了履带式作业平台，具备姿态调整功能。王建超设计了悬挂式丘陵山地果园作业升降平台，采用折叠臂式结构升降并具有静液压调平功能，安全性进一步增强。国内各地使用的针对设施生产的多功能作业平台的功能五花八门，可根据需要选择，没有完全一致的定性产品。

（9）设施种植物流装备　发达国家的设施种植物流生产线技术已经趋于成熟，各功能区互联互通形成整体的生产区域。在设施种植生产中引入了工业化流水线的概念，将不同功能分区和内部物流搬运装备统筹路径规划，达到多机协作、多工序协同、多区域衔接，从而实现无干涉、短路径、并行化的自主生产流水线作业。不仅极大地降低了农业生产对人工的依赖，提高了生产效率，而且使大型设施农业生产和全产业链运营成为可能。

我国在设施种植物流装备方面的研究仅处于起步阶段，专门化的物流转运设备仍不成型。但是经过几十年的努力，我国引进和学习了一些国外先进的农业装备的相关技术，同时也自行研制了一批适合本地气候特点的、能有效提高农业生产效率的现代化大型温室和植物工厂及其配套的生产线物流装备，包括轨道或索道农资的转运设备、流程化的生产区域转移设备、无人化的转运机器人化设备、立体种植的物流转运设备、设施群间转运设备等，既有自动式、遥控式，也有无人化式。

2. 未来 5~10 年发展趋势及需求

（1）设施种植农业是保障"菜篮子"产品供应、促进农业增收、繁荣农村经

济的有效途径　设施蔬菜产量占全国蔬菜产量的 30%，人均设施蔬菜占有量近 200 千克，实现常年均衡供应。设施蔬菜产量一般为露地蔬菜产量的 2 ~ 10 倍，年亩均产值较露地高出 5000 元左右，设施农业年产值达 9800 亿元，创造就业岗位 4000 万个，在自然灾害频发重发的情况下，设施栽培更能显示出优势，发挥其效能。

（2）设施种植装备和机械化生产是设施农业高质量发展的重要支撑　农业农村部提出了设施种植机械化 2025 年发展目标。到 2025 年，种植设施区域布局将更加合理，结构类型更加优化，以塑料大棚、日光温室和连栋温室为主的种植设施总面积稳定在 200 万公顷以上；设施结构区域化标准化设计、建设、改造稳步推进，农机作业条件显著改善，新型设施结构、材料和节能降耗技术装备取得突破，适宜机械化生产的新品种、新技术和新模式加快推广，设施蔬菜、花卉、果树、中药材的主要品种生产全程机械化技术装备体系和社会化服务体系基本建立，设施种植机械化水平总体达到 50% 以上。

（3）设施种植装备向自动化、智能化和无人化的智慧农业和数字农业方向发展　随着信息化数字化、自动化智能化、规模化集约化、绿色化生态化、全程化全面化等多方面的发展趋势，发展基于设施种植关键生产环节及与设施类型相匹配的轻简省力化、电动自动化、作业智能化装备，推进土地产出率、劳动生产率和化肥、农药及水资源利用率迈上新台阶。

3. 未来 5~10 年发展重点方向

（1）设施种植装备数据库建设　以加强设施种植装备技术研发为目的，以果菜、叶菜等为试验对象，组织我国不同区域的研发单位开展针对连栋温室、日光温室的自动化装备研究，通过全国联网，以及 AI、大数据、计算机、自动化装备等技术的实现实时数据传输，逐步建立我国不同区域环境下的特色设施装备；为更好地发动科研机构和行业社团的力量，进行数据信息采集并形成长效机制，从行业管理、政策制定、产业服务等维度的需求入手，制定合理的架构，建设数据库，进行社会化共享；为完善我国现有设施装备下特色作物的生长提供长期、权威的基础数据支撑，也为各类装备的改进、研发提供量化的机理性指导。

（2）全产业链自动化关键技术与装备　以温室生产精细化、规模化、高效化为目标，围绕番茄、黄瓜等蔬菜对象，跟踪世界先进装备技术，研究从生产到物流的全产业链自动化装备。例如，针对育苗生产阶段，研发集基质处理、消毒、填料、播种、催芽、转运、移苗等于一体的全过程育种、育苗装备；针对生产环节，研发集建造、环境控制、营养管理、植保、采收、低碳装备等于一体的自动化环控装备；充分利用信息化技术，研发如何提高作物优质高产指标的新型装备。该前瞻性研究的重点是通过国产装备的研发集成实现设施整体功能最优，为各类高新技术在设施农业上的应用提供有针对性的借鉴，同时也为实现商业化的高效生产打下良好的基础。

（3）设施农业信息化智能化装备　以改造传统装备运行方式为目标，以全面提高生产效率、效益为目的，研发针对规模化设施农业生产的便携式管理软件，开发基于区域性的设施农业云计算数据库，使软件和云计算平台实现规模以上生产的商业化运行。深入研究物联网技术在设施农业上的应用，开发设施农业智能装备技术和产品，如植保、内部运输、巡检、采收、货物管理等各个环节智能化装备，并实现重点智能装备运行数据积累，为未来设施农业商业化发展打好基础。

2.3.4　绿色养殖装备

1. 国内外科技创新及产业发展现状

（1）智能感知与精准环境控制技术装备已成熟应用　国外畜禽水产健康与福利养殖技术与装备已成为主流。基于智能感知的精准环境控制技术，作为改善畜禽水产养殖生产水平与效率、提高健康与福利的核心关键技术，引起了行业广泛重视，欧盟通过实施"Bright Animals""EU-PLF""Future Farm"等重大项目，基于传感器、视频与音频等智能感知途径，实现了不同设施环境条件下的畜禽生理状态与典型生理参数非接触测量、体征与特征行为的自动识别、疾病非接触/远程诊断与健康预警、基于多元参数智能融合的养殖环境评估与应激预警、健康环境智能调控等功能。例如，丹麦哥本哈根大学与奥胡斯大学联合开发的猪、鸡有效温度模型，已被应用到 Big Dutchman 与 SKOV 公司智能环控器的环境控制算法中；通过自适应学习环境控制器，可以根据前期控制经验主动学习，大幅提高了环境控制精度、稳定性和调控效果。机器人技术也被越来越多地应用于生产关键环节，佐治亚理工学院开发的巡检机器人可对鸡群和环境进行定性分析，检测并捡起地面上的鸡蛋，识别死亡的鸡只，且不会损害鸡只健康，已经实现商业化运行；荷兰 Lely 的 A5 挤奶机器人，借助三层激光系统结合 3D 摄像头提高了乳头定位准确性，缩短了 4% 的挤奶时间，使用奶质检测传感器实时监控牛奶质量，自动脱杯；Lely Discovery 120 Collector 尘吸式智能清粪机器人，采用真空泵技术和基于内置传感器的自动导航系统，实现牛舍实心地面的自动清洁。

（2）成套智能化装备支撑工厂化高效养殖产业发展　在国外，成套智能技术装备得到广泛应用，绿色化、智能化、工厂化畜禽养殖发展迅速，实现了现代规模化高效养殖。在畜禽养殖方面，成套化笼具及圈栏设备和饲养装备在产业上应用普遍，具有空间节省、生产效率高、成本低等特点，美国、加拿大、荷兰、德国、法国、奥地利等国家开发了智能化的单栏/群养生猪牵引、育种、饲喂、繁育管理系统及自走式饲喂机器人。环境智能监测、调控、尾气处理等装置设备作业精准快速，猪舍氨气去除率达 70% 以上，臭气去除率最大可达 90%，$PM_{2.5}$ 和 PM_{10} 去除率达 90%。奶牛养殖初步实现了机器人取代人工的作业方式，基于电子耳标身份识别系统，实现了对犊牛采食量的精准控制和预警，同时还可调节牛奶温度等。畜禽安全生产管理实现了智能化，奥地利、法国、美国分别研发投产了智能清洗消毒机器人，实现了肉鸡垫料消毒、猪舍内消杀、环境智能监测及辅助生产人员实现危险与复杂作业等功能。全过程的禽蛋收集分选包装实现精准高效自动化作业，单套产品的鸡蛋分拣效率可达到 25.5 万枚/小时。在水产养殖方面，通过计算机控制系统高效集约化循环水养殖，水质监测与调控、精准投饲、育苗播苗、起捕采收等环节的智能化装备已被普遍应用，水产养殖状态的水下监测机器人也开始得到应用。芬兰 Arvo-tec 开发的"机器人投饲系统"通过计算机控制系统实现了无人操作，还可以实时检测水体理化指标。

（3）设施养殖正逐步向全景智慧化管控方向发展　信息化技术应用助力养殖全景智慧化管控，德国 Big Dutchman 公司、丹麦 Skiold 公司分别开发了 FarmOnline、Farmlog 等管理系统，整合了畜禽生产过程中环境、饮水、饲喂、健康状况等全过程的数字信息，包括畜禽养殖信息实时监测系统、疾病预警系统、养殖智能信息管理系统等。通过研发养殖环境小气候监测系统，建立融合信息技术的物联网数据采集网络架构，开发分布式控制系统用于远程控制环控与养殖设备，形成数据集成管理、数据深度分析和数据可视化技术，开发桌面客户端软件和移动客户端软件，实现智慧化管控等。

（4）我国自主创制的成套化养殖装备支撑设施养殖集约化发展　我国创制了符合国情的特色装备，部分实现自动化。养殖设备、智能作业设备、智能机器人系统及粪污处理装备已基本实现养殖过程机械化要求。各类成套化笼具及圈栏设备、生产过程管控系统、产品收集与分类装备等支撑畜禽水产养殖工业化生产，成套笼具装备构建了周年舍饲养殖模式，以蛋鸭笼养为例，实现产蛋高峰期持续6~8个月，期间产蛋率达到97.5%，每只鸭年产320枚鸭蛋，比传统模式的产蛋性能提高了10%。自动机械化抓鸡装备，仅需2~3人即可每小时捕鸡8000~10000只。研制了V型牛场清粪刮板系统、循环水冲系统，实现了牛舍清粪通道及挤奶厅待挤厅的循环水冲、固体粪污和废水的分离，减少场区污水处理量65%以上。在猪、牛、羊等大动物生产中，精准饲喂与加药系统技术装备日趋完善，通过个体识别实现个体化精准饲喂，结合自身体况按饲喂曲线执行落料操作。例如，妊娠母猪饲喂可通过精准饲喂智能控制系统，母猪进食后剩余饲料比例小于1%，一次完成采食量大于95%，大幅提高了进食效率；奶牛精准饲喂可通过料仓、输送设备、称重系统、暂存装置、搅拌加工设备等配合，精准制作日粮，可节省40%的操作时间、降低60%的用工和50%以上的能耗。在水产养殖设备方面，研发的太阳能移动增氧机、太阳能移动底质改良机、太阳能移动臭氧机、疫苗注射机械、拉网机械、起鱼机械、分级机械等装备已在全国和东南亚地区的产业中得到应用。其中，智能精准投饲装备突破了长距离输送、大面积投喂、精准计量、反馈控制、全自动作业、远程集中管控等集约化水产养殖投饲的关键技术。

设施养殖设施化、集约化的比例显著增加。从养殖规模上看，占总养殖场主体20%的大型养殖场实现了全环节机械化养殖，其机械化率接近100%；但是占总养殖场主体80%的中小规模养殖场机械化程度偏低；全国2020年畜牧养殖机械化率为35.79%、水产养殖机械化率为31.66%。

2. 未来5~10年发展趋势及需求

（1）信息化与设施养殖深度融合是发展新特征　目前我国的畜禽养殖业整体竞争力稳步提高，动物疫病防控能力明显增强，绿色发展水平显著提高，畜禽产品供应安全保障能力大幅提升。猪肉自给率保持在95%左右，牛羊肉自给率保持在85%左右，奶源自给率保持在70%以上，禽肉和禽蛋基本实现自给。到2025年畜禽养殖规模化率和畜禽粪污综合利用率分别达到70%以上和80%以上，到2030年分别达到75%以上和85%以上。近年来，以数字化信息技术为核心的畜禽智能养殖技术不断深入至畜禽养殖的各个环节；环境控制系统和自动饲喂、自动挤奶、智能巡检、安全防疫等智能化养殖设备系统与关键环节机器人，成为畜禽养殖业提高生产效率、解决劳动力资源短缺和实现健康福利养殖的重要技术抓手。采用人工智能和物联网技术，赋予装备运行实现智能化是我国畜禽养殖业及配套装备转型升级的重要助力。

（2）养殖设施装备向"智慧设施与建造"融合创新发展 建成智能养殖设施，创造先进管控能力，是绿色养殖装备的未来发展趋势。充分推进"智慧设施与建造"融合创新，加快推动新一代信息技术与农业建筑工业化技术的协同发展，以节约资源、保护环境为核心，大幅降低能耗、物耗和水耗水平；打造低碳绿色智能畜禽舍；将生理指标和行为信息纳入环境控制系统的决策管理，研发融合多元参数的养殖环境智能控制器与应激预警模型；基于先进传感器、机器视觉分析、动物音频分析、挥发性有机物分析、红外辐射测温等智能感知方法，通过数学模型和智能算法对畜禽图像、声音、体温、心率、排泄物等多模态信息进行综合处理分析，实现养殖环境、生命体征、行为活动等跨媒体信息的自动识别和融合应用。

（3）养殖设施装备向"智慧管控"发展 设施畜禽水产养殖正逐步向全景智慧化管控方向发展，实现全过程管控、疫病防控与预警等。通过研发畜禽水产养殖环境、生命体征、个体与群体行为、健康状态、养殖过程等动态监测系统，建立融合 Wi-Fi、LoRa、NB-IoT 等技术的物联网数据采集网络架构；研究数据集成管理、数据深度分析、数据可视化技术，开发桌面客户端软件和移动客户端软件，推进智慧管理。在畜禽水产智慧云服务平台计算架构与系统上，重点构建可弹性伸缩的智慧云服务模型，满足智慧云服务平台需求的建模和数据建模方法，研究多源异构大数据的敏捷服务和平台应用自动部署方案，建立统一接入的畜禽水产数据标准，设计数据云存储方案，构建智慧云服务平台，实现服务资源和服务数据的协同共享。

（4）养殖装备向"装备与动物健康生长"融合创新发展 国内外普遍重视畜禽养殖产业的质量效益提升，机械化养殖装备是显著提升养殖效率的关键，而动物的健康则需通过福利化生产工艺来实现，"装备与动物健康生长"二者深入融合则可有效提高畜禽水产的生产性能和产品品质，通过创新和应用能够满足畜禽生物学特性和行为习性要求的福利化装备，以替代限制畜禽行为表达的传统工厂化养殖装备。猪的舍饲散养、蛋鸡立体栖架散养、蛋鸡富集笼养、奶牛散栏饲养等福利化装备已经逐步替代传统养殖装备，实践证明能够大幅提升畜禽自身免疫能力、健康水平和生产性能，并减少用药频次和用药量以保障产品质量安全，满足无抗养殖和高品质肉蛋奶产品的生产需求。当前，福利化装备的智能化水平仍需进一步提升，我国仍然缺少能够产业化的福利化装备，引进的国外尖端产品成本和后期维护费用均较高，与国内生产实际适配度低，尚未达到预期效果。

（5）养殖装备向"智能化"发展 美欧智能设施养殖装备的批量生产与应用引领智能畜禽养殖装备的发展方向。计算机、自动控制、物联网、大数据、人工智能等技术与畜禽水产养殖深度融合，实现了生产过程的全程数字化、精细化和智能化融合发展。我国亟须攻克基于国情的精准畜牧业技术与智能装备，打破国外技术壁垒与产品垄断，要在解决环境信息、生产信息、畜禽生理和行为信息等感知的基础上，攻克动态变化条件下的感知数据挖掘与知识模型构建方法，并与环境控制、作业、清粪、采食、饮水等装备深度融合，构建具备精细化管控功能的智能畜禽水产装备体系；采用生产管理系统、信息处理系统、智能专家系统和决策支持系统，在作业过程管理、动物疾病诊疗、畜禽产品溯源和生产销售预测等方面实现智能决策和自主管控；创新和应用巡检机器人、清洗机器人、物料转运机器人和免疫机器人等，实现养殖和生产管理环节的无人化或少人化作业。

3. 未来 5~10 年发展重点方向

（1）养殖环境精准控制技术与装备 基于畜禽生理行为响应等指标，构建环境状况与畜禽健康水平之间的映射关系，创新包括热湿环境、空气质量环境、光环境、水环境及空间环境等要素在内的舒适环境综合评价与预警方法；在精准控制技术与智能控制器上，构建畜禽舍热湿环境与空气质量多环境因子高效耦合及靶向通风等精准控制系统；以舍内温、湿、风为主控因素，兼顾空气质量，创新畜禽舍环境自适应智能控制模型，创建"云-边-端"物联网体系架构下的多点分布-集中式舒适环境智能控制器，实现舍内温、湿、气体、粉尘等多因素环境综合调控。

水产养殖方面，重点研究曝气、混流、负压、生态等高效增氧技术，优化移动式太阳能增氧机、涌浪机、负压增氧机等高效机械化增氧设备及其配置技术；研究养殖底质改良技术，优化水质改良、底质调控等设备；开发生物浮床、营养素平衡、微生物、复合生化等养殖水质与藻类低碳控氮调控技术，研发水质机械化调控设备；形成标准模式，建立技术规程。

（2）规模养殖全程机械化装备 在养殖装备上，重点研发与蛋鸡福利化栖架、生猪散栏饲养、奶牛舍内散栏饲养工艺相配套的装备，以匹配现有的连栋鸡舍、楼房猪舍、大跨度低屋面恒温牛舍的实际需求；提升水产养殖机械化水平，创新移动机械捕捞、定置起捕、起鱼装置、吸鱼泵等捕捞机械化技术，开发捕捞机械化成套设备；研发移动式综合作业车、折臂吊机、移动喷洒等水产养殖生产机械化设备，建立相应技术规程。

在饲喂装备上，研究基于动态营养需求的个性化精准饲喂技术与成套装备，以及高密度饲喂的精准供料技术装备，服务于精准饲喂的精准作业装备，形成先进的畜禽水产智能化饲喂装备生产线。该类装备包括大群饲养生长育肥猪自动称重分群与动态营养调控饲喂、多饲料来源的水料协同自动饲喂系统，固态料个性化智能饲喂成套装备；群养后备牛、羊精准营养动态调控技术与智能补饲（料）成套装备；泌乳奶牛智能化取料、搅拌、自走式精准投料装备及剩料管理系统；蛋鸡、肉鸡群养的动态营养调控技术与智能供料装备；水产养殖过程自动投饲系统等。研发车载饲料自动集中计量配送、仓储式多点气力远程投送等投喂设备，基于高精度称重传感器和计量控制器的自动计量控制系统。

在粪污处理装备上，创新畜禽舍自动粪污收集设备、固体粪污智能化干燥设备，为实现无害化资源化高效后续处理创造条件。针对养殖尾水污染物类型及特征，研发一体化快速去除装置，与高效沉淀、深塘曝气滤池、模块湿地净化工艺相结合，建立尾水高效处理系统。

（3）畜禽水产信息智能获取与智能作业技术装备　研制畜禽舍用有害气体浓度（氨气、硫化氢、二氧化碳、一氧化碳）、粉尘（$PM_{2.5}$、PM_{10}、TSP）和畜禽废水污染物浓度（BOD、氨氮、硫化物）的精确稳定测量传感器与设备，形成先进传感器与感知技术装备的产品化生产线；研制不同畜禽品种、不同环境与用途及不同封装形式的高精度、小型化、低功耗的射频自动识别（RFID）技术与电子标签；研制畜禽体温、心率、呼吸等特征生理参数信息的自动感知与健康识别技术与产品；研制畜禽运动轨迹的自动识别方法、个体与群体行为的非接触式自动识别技术、运动量穿戴式自动监测技术与产品；研制畜禽典型声音特征与环境应激发声特征的自动识别、基于发声特征的健康预警技术与产品；研制畜禽体尺与体况的非接触式监测方法与健康识别系统。

研制自动挤奶系统的分乳区奶量实时计量与乳成分实时自动检测传感器及产品、多自由度的自动挤奶机械手臂及全自动智能挤奶机器人；研制牛场自走智能清粪机器人与自动推料机器人、圈栏自动冲洗机器人、粪沟火焰消毒机器人；研制鸡场环境参数自动检测与病死鸡自动巡检机器人、地面粉尘清扫与料槽羽毛自动清理机器装置；研制水下环境及水产品状态检测机器人等，形成先进养殖作业机器人生产线。

（4）养殖物联网与智能管控系统研发　构建覆盖生产、交易、运输在内的国家级规模生猪、奶牛、蛋鸡、肉鸡、水产养殖大数据系统及云服务与共享平台；研究畜禽与水产养殖大数据系统的安全管理与共享及海量数据高效处理技术；构建基于大数据挖掘算法的生产性能分析、盈亏分析、疾病、行业发展预测、碳足迹、水足迹和环境影响评价等大数据模型与预警管理系统；建立基于大数据挖掘的畜禽与水产种质资源、环境、营养、疾病及人员等智能管理的决策系统；研发重大紧急事件的智慧调度指挥系统。

研制面向智能开放服务的物联网中间件；研制畜禽与水产标识参数、特征生理参数、生态环境参数、生产信息的精确可靠获取与高效实时传输技术与装备，畜禽与水产生产全过程、产品安全溯源、疫病预警等智慧化管理系统，畜牧与水产物联网接入、安全管理、认证鉴权、数据处理和上传技术与装备；建立国家畜禽水产养殖物联网核心设备公共接入标准与平台；制定养殖物联网标准和规范；集成信息感知、高效传输及数据分析技术，构建生猪、奶牛、蛋鸡、肉鸡、水产5 类规模化养殖的物联网闭环技术平台。

（5）绿色低碳智能养殖技术与设备　开发节能化设施装备，建立标准化装配式绿色低碳节能畜禽舍建筑设计方法。针对养殖废水主要污染物类型及特征，研制有机废水高效生物处理设备，基于机器学习，建立温度、浓度等与处理效率、能源输出的关联模型，实现设备运行的低能耗高效运行，与高效沉淀、模块湿地净化工艺相结合，建立养殖废水高效处理系统；研制畜禽粪污高效收集与固液分离一体化设备、固体粪污智能化干燥高效设备，实现畜禽粪污的无害化资源化高效处理；构建畜禽、水产养殖全过程的碳足迹、水足迹和环境影响评价等大数据模型和决策系统，确定并优化关键养殖环节，降低对整体环境的影响，实现绿色养殖。

2.3.5　农业机器人装备

1. 国内外科技创新及产业发展现状

（1）农业机器人成为国际农业装备技术产业竞争的新焦点　农业机器人是一

种集传感技术、监测技术、人工智能技术、图像识别技术等多种前沿科学技术于一身的农业生产机械设备，是以具有生物活性的对象为目标，在非结构化环境工况下，具有环境与对象信息感知能力，能够实时自主分析决策和精确执行，服务复杂农业生产管理的柔性作业的新一代智能农业装备。发达国家起步早，引领农业机器人技术与应用方向，且由于发展阶段和产业特点不同，各国也体现了不同的研发重点。近年来，随着现代农业、人工智能、新一代信息、大数据、传感控制及工业机器人等技术的快速发展，农业机器人呈现爆发式的发展态势，其研发、制造、应用成为衡量一个国家农业装备科技创新和高端制造水平的重要标志。日本育苗、嫁接、番茄/葡萄/黄瓜采收、农药喷洒等机器人，美国大田作业行走机器人，荷兰设施农业机器人，瑞士、德国大田除草机器人，英国果实分拣和蘑菇采收机器人，西班牙果品采收机器人，法国葡萄园机器人，澳大利亚牧羊和剪毛机器人等已成熟应用。

（2）农业机器人已在农业智慧化生产中开始发挥重要作用　国际上，在嫁接、采收、分拣、除草、移栽机器人方向上经过多年的研发，不同程度地进入示范应用和产业化阶段，近200款嫁接机器人投入商品化应用，极大地提高了农业产出效益，约翰迪尔的机器人化收获机效率提高了70%，番茄、苹果的采收效率达到了4～5秒/株，果蔬采收机器人可以节省人工50%以上。挤奶机器人的开发虽然起步相对较晚，但已出现较大规模应用的迹象和趋势，正在成为农业机器人领域国际竞争的焦点型产品，截至2019年，荷兰、德国、美国等国家约有3万台挤奶机器人投入使用，挤奶套杯的成功率都达到98%，我国也已有10多家奶牛场购置挤奶机器人进行试验性应用。

国外已涌现了一批农业机器人专业化、创新型企业。约翰迪尔、凯斯纽荷兰、爱科、久保田等跨国农机企业重点推进拖拉机、播种机、收获机的大田作业装备的机器人化。例如，日本久保田X tractor搭载AI和电气化技术，实现完全自主驾驶和100%电力作业；Fendt公司开发了Xaver播种机器人；德国大陆集团研发的Contadino模块化机器人、德国NEXAT GmbH开发的ALL in ONE大型农业机器人平台，都可搭载播种、除草、喷洒、施肥作业机具。有些初创企业重点聚焦于果蔬采收机器人研发。例如，美国Abundant Robotics公司专注于开发苹果收获机器人；以色列初创公司MetoMotion开发温室机器人；新西兰Robotics Plus公司专注于开发猕猴桃采收机器人；西班牙初创公司Agrobot、美国Advanced Farm Technologies（AFT）和Harvest CROO公司着力于开发草莓采收机器人；韩国Nao

Technologies 公司专注于开发葡萄栽培机器人；英国西尔索农机研究所研制了蘑菇采收机器人。另外，还有一些初创公司聚焦于关键部件系统研发，如美国 Vision Robotics 公司、英国 Soft Robotics 公司等专注于农业机器人的视觉系统和柔性执行机构。根据 Markets and Markets 的市场研究报告，预计到 2025 年，农业机器人市场将从 2020 年的 74 亿美元增长到 206 亿美元，复合年均增长率将超过 20%。

（3）我国农业机器人研发起步较晚，尚未形成产业市场　我国农业机器人整体上处于关键技术研究、样机研制与试验演示阶段，但相关技术发展迅猛，与欧美发达国家同处于市场爆发的前夜。我国从"十一五"开始，通过国家 863 计划支持了果树采收机器人研发，"十二五"期间支持了大田作业、设施养殖机器人研发，"十三五"期间国家重点研发计划"智能农机装备"重点专项支持了设施果蔬采收机器人技术研发。嫁接、采收、除草机器人方面的科技论文产出已居国际第 1 位；开发了相应的传感、控制、执行器，但因整机工效、可靠性、性价比等多种因素，均停留在样机的示范展示阶段，比如苹果、番茄等采收效率在 8 ~ 10 秒/株，识别精度为 85% ~ 90%，控制精度为 5% ~ 10%（全量程），难以满足实际生产需求；在挤奶机器人的乳头识别、机械臂及其运动控制等子系统方面有一定的研究基础。

目前，我国农业机器人还没有自主化的成熟市场产品应用。采收、设施喷药、养殖巡检机器人有若干试验样机试验演示；果品分拣机器人已有几十套的产业化应用；具有自动驾驶功能的无人化移动平台、无人化拖拉机、无人化收获机已形成了产品样机，自动驾驶系统与装置已初步形成产业化规模；挤奶机器人、除草机器人开展了部分装置的技术研发。国外部分成熟的农业机器人已进入我国市场，例如，挤奶机器人对外依存度 100%，荷兰 Lely、瑞典 DeLaval、德国 GEA 等公司的挤奶机器人已在国内销售数十台（套）。

（4）我国农业机器人的产业基础初步形成　农业机器人产业的集成度比较高，近年来，随着工业机器人的快速发展，我国的农业机器人产业链逐步齐全，自主可控程度也不断提升。上游是关键零部件生产厂商，主要是减速器、控制系统、伺服系统、视觉系统、导航系统，我国已在相关方面有所突破；中游是机器人本体，即动力平台、行走系统、协作机械臂和执行机构等，是机器人的机械传统和支撑基础，我国在这方面的基础相对较好，特别是可以支撑果蔬采收的协作机械臂发展迅速；下游是农业机器人技术系统及产品集成商，根据不同的种植、养殖、加工等应用场景和用途进行有针对性的系统集成。我国是农业装备制造大国，具有发展无人驾驶拖拉机、播种机器人、移栽机器人、除草机器人、采收机器人、巡检机器人等产品研发、制造和推广的基础。

近年来，在控制技术与算法、视觉识别系统、行走底盘、采收协作机械臂、大田机器人化作业装备等方面逐步培育了一些专业分工、特色突出的创新力量。中国农业机械化科学研究院聚焦于播种施肥、植保、采收大田作业机器人，以及高适应机器人行走底盘、挤奶机器人等研究；潍柴雷沃、中国一拖、华南农业大学等重点聚焦于拖拉机无人化、智慧农业技术研究；苏州博田自动化技术有限公司（简称苏州博田）、北京京鹏环宇畜牧科技股份有限公司、北京派得伟业科技发展有限公司、中国农业大学、江苏大学等则分别聚焦于设施种养领域的巡检、消毒、采集作业机器人研究；中国农业科学院农业信息研究所、北京市农林科学院等在病虫草、动植物对象信息感知方面具有较好积累；哈工大机器人、沈阳新松机器人、汇博机器人、上海节卡机器人、北京珞石机器人等重点农业机器人可借鉴的协作机械臂具有优势；上海交通大学、上海大学、北京航空航天大学、北京理工大学、中国科学院沈阳自动化研究所等在智能控制系统、导航及路径规划、视觉识别等技术方面有优势。

2. 未来 5~10 年发展趋势及需求

（1）发展农业机器人是保障国家粮食生产安全的重要支撑　习近平总书记在 2014 年两院院士大会上的讲话中强调，我国将成为机器人的最大市场，但我们的技术和制造能力能不能应对这场竞争？我们不仅要把我国机器人水平提高上去，而且要尽可能多地占领市场。习近平总书记在致 2015 世界机器人大会的贺信中指出，随着信息化、工业化不断融合，以机器人科技为代表的智能产业蓬勃兴起，成为现时代科技创新的一个重要标志。我国是农业、农机大国，也将成为全球农业机器人的最大市场，必须加快关键核心技术攻关，加速产业布局，自主可控发展，赢得未来竞争优势。

（2）发展农业机器人是现代农业发展的必然需求和未来农业的必由之路　保障国家粮食安全，树立"大食物观"，必须大幅提升农业装备研发应用水平，实现农业机械化智能化向机器人化发展。农业生产作业环境复杂、恶劣，随着经济社会发展，未来"谁来种地、怎么种地、如何种好地"问题和矛盾将加剧，必须加快农业生产过程中"机器换人"，推进"无人化生产"。农业机器人是农业生产方式转变的制高点，已在现代农业生产中发挥重要的作用，是未来农业发展的必由之路，大田生产机器人提高效率可达 70%，果蔬采收机器人效率相当于可节省人工 50% 以上，养殖巡检机器人可满足恶劣环境下替代人工作业，挤奶机器人可以极大降低挤奶过程中奶品的污染，保障牛奶品质安全。

（3）发展农业机器人是引领新一代农业装备技术发展的重要举措　农业机器人集中体现了人工智能、新一代信息、大数据、传感控制、现代农业等前沿科技，是农业装备技术变革的切入点，其研发、制造、应用是衡量一个农业装备科技创新和高端制造水平的重要标志。国外在农业机器人方面的研发自 20 世纪 90 年代起步，已广泛发展，播种、嫁接、采收、分拣、除草、移栽、挤奶、农情监测等 200 款农业机器人实现商品化应用。我国从"十一五"开始农业机器人的研发，在林果采收、设施喷药、养殖巡检、果品分拣等机器人研发方面具有一定的技术积累，部分技术进入试验应用。当前，农业机器人已经成为全球产业的竞争焦点和重要增长点，跨国农机企业纷纷加紧布局，抢占技术和市场制高点。根据国外机构的预测，未来 5 ~ 10 年是农业机器人发展的重要时期，全球市场复合年均增长率将超过 10%，2025 年其市场规模将达 286 亿美元。农业机器人技术是我国有望在新一轮农业装备技术变革中参与国际竞争并引领技术发展的方向之一，必须抓紧抓早布局。

（4）农业机器人发展趋势

1）单一农业机器人 – 农艺的融合及数字化发展。农业机器人是农业作业装备的智能化升级与换代，其通过自身的智能化技术，可以解决部分农田环境、作物生长和农艺措施等作业场景及对象的非结构化问题，但农业机器人作为农业作业装备，仍需按照农机农艺融合的总体思路，坚持走生产农艺措施改造设计与农业机器人智能化技术研发融合发展之路，以促进农业机器人更好更快地走进实际生产的田间地头。同时，通过数字孪生技术与农业作业场景的深度融合实现农业生产真正的交互作业，为农业数字化转型升级提供新动能。农业数字孪生系统基于农业生产系统所产生的数据流，通过实时态势感知、超实时虚拟推演和全程交互反馈，有效实现对作物生产系统的智慧管控，对实现农业机器人革命性突破具有重要的科学意义和价值。

2）多农业机器人集群协同。当不同类型的机器人和自主系统结合成一个体系，机器人技术在农业中的真正潜力将得到开发。单一农业机器人在农业生产中的应用效果有限，但将同类作业机器人协同编队及不同类型机器人协调管控，以集中或分布式方式集成到不同的管控体系下，将最大限度地发挥农业机器人机群作业优势，大大提升农业生产作业效率和生产水平。

3）系统化的机器人无人农场。无人农场是未来农业生产组织模式发展的必然趋势，无人农场的作业终端装备就是各环节作业的农业机器人及其系统。机器人作为制造业皇冠顶端的明珠，引领和支撑工业4.0的快速发展，而农业机器人是现代农业装备制造业顶端的明珠，将成为无人农场生产作业组织模式的核心，系统化的农业机器人集群作业，是智能化、信息化农业的集中体现。系统化农业机器人技术在无人农场生产中的广泛应用，将全面提升农业产业链自动化智能化水平，成为我国占据全球农业未来发展制高点的重要手段。

3. 未来 5~10 年发展重点方向

（1）研发农业高性能传感器　研究靶标生物量及病虫害的实时感知技术；研究高性能变量喷头的施药量及雾化效果，解决由于管路压力波动带来的靶标精准控制实时变量不够精准的问题；研究收获机核心部件工作状态、产量、作物含水率、损失率等在线监测方法模型及应用；打破国际技术壁垒，研发国产高性能传感器，如具有单籽粒分辨能力的播种监测传感器、播种施肥机连续质量流监测传感器、植保作业小流量监测传感器、高性能土壤养分或作物长势探测仪、收获机谷物质量流传感器等。

（2）提高农业智能测控系统复杂田间环境适应性　针对智能终端的监控准确性和耐用性普遍受复杂作业环境影响的问题，采用多元传感器监测，通过多源数据融合提高监控的准确性；针对土壤消毒机械作业粗放的问题，研究对土壤消毒剂形态及应用环境等有针对性的监控技术，提高测控通用性；为减少免耕起伏地表造成播种单体振动带来的影响，采用多变量构建模型，指导田间作业，提高电驱排种和播深调控的稳定性。

（3）研究农业监测多源数据共享应用　研究支持多种接入方式、统一数据采集接口、多协议转换的通用网关软硬件，加强农业物联网应用体系结构及其关键技术的研究，对于我国农业物联网行业的应用技术标准，特别是传感器及标识设备的性能、功能及接口标准、农业多源数据融合处理标准、田间数据传输协议标准、农业数据共享标准和农业物联网应用系统建设规范等具有十分重要的意义。

（4）典型农业场景作业机器人

1）大田作业机器人。构建面向大田作业的农业机器人系统，重点突破多元异构传感信息融合的农田环境感知、视觉/北斗/惯导组合导航、自动驾驶与避障、自主路径规划、农业机器人集群协同作业管控等核心技术，研发田间信息感知、无人化导航控制、机器人云管控平台等关键系统，创制全栈式农田作业、无人农场等集成化、一体化农业机器人产品。

2）设施农业机器人。构建面向温室作业的农业机器人系统，重点突破果蔬种植环境标准化，执行部件仿生化、专业化、轻型化、模块化，多传感器融合的环境与目标信息感知，多机器人协同作业等核心技术，研发视觉感知、作业伺服控制等关键系统，创制采收机器人、巡检机器人、打叶剪枝机器人、疏花疏果机器人、授粉机器人等效率化农业机器人产品。

3）畜禽养殖机器人。构建面向畜牧作业的农业机器人系统，重点突破畜牧识别与精准定位，畜牧生产行走、导航、移运等专用作业部件设计，畜牧作业末端精准控制等核心技术，研发视觉识别定位、自主导航定位、作业运动控制等关键系统，创制养殖放牧机器人、养殖场巡检机器人、挤奶机器人、屠宰机器人、修蹄助产机器人等专用农业机器人产品。

4）林果茶作业机器人。构建面向林果茶作业的农业机器人系统，重点突破病虫害识别定位，导航定位与路径规划，多机器人组合作业，部件通用性、便携式、模块化设计，机器人节能环保新能源供给等核心技术，研发三维监控、自主移动、视觉检测等关键系统，创制林果茶实用便携绿色农业机器人产品。

5）水产机器人。构建面向水产作业的农业机器人系统，重点突破水质检测、视频监控及传输，水产目标识别定位，高精度水下制导、规划与控制，水下机器人－机械手系统设计与精准作业控制等核心技术，研发水产集约化养殖精准测控、水下监测、水下作业运动控制等关键系统，创制水产场景监测机器人、水产养殖作业机器人、水产养殖物联网平台等灵活、安全的水下机器人产品。

2.3.6　丘陵山区农机装备

1. 国内外科技创新及产业发展现状

（1）丘陵山地拖拉机　欧美等发达国家市场上的丘陵山区拖拉机主要有三大类。第一类是改造型低地隙拖拉机，即在普通拖拉机基础上通过降低重心和加宽轮距等措施来提高其山区坡地作业的稳定性，特点是整机重心低、爬坡能力强、侧向稳定性更好，轴距短、外形尺寸小，转向更加机动灵活。第二类是山地专用拖拉机，比一般农用拖拉机技术含量更高，自动化、智能化控制水平更高，且不断将新技术应用到丘陵山地拖拉机上，使其具有多功能、多用途的整机特点，比如可沿等高线作业，操纵性、作业性能、牵引性能好，横向稳定性高，驾驶安全等。第三类是小型半履带/履带型拖拉机。日本作为典型的丘陵山地国家，地块面积小，机械化水平高。洋马、久保田、井关公司的半履带、履带拖拉机产品线齐全，销量大约占整个水田区域拖拉机销量的25%。日本公司相关产品PTO大多可实现反转，行走系统多为摆动式台车、全橡胶履带，具有良好的越障性能，噪声低，采用电子耕深控制系统，自动化程度高。

我国应用的山地拖拉机主要为手扶、小型四轮低地隙和盘式拖拉机等，但大多技术简单，实际作业中也存在易倾翻、转向困难、作业速度慢、复杂丘陵山地作业适应性差而不适宜水田作业等问题，同时作业质量也难于满足使用要求，而可用以商品化的专业型丘陵山区拖拉机几乎为空白。中国一拖、湖南农夫、中联农机等企业相继研发了50~120马力半履带、履带拖拉机，基本可以适应丘陵山区水田作业。相关产品主要采用机械换挡变速箱、转向离合器转向；部分产品采用双功率流差速转向传动系，可以实现原地差速转向；中联农机采用静液压驱动，可以实现分段式无级变速。国内履带产品的接地比压大多在20~24千帕。

（2）通用升降作业平台　国外的果园作业平台机械化程度高，机型种类多，功能多样。欧美国家主要是多功能自走式平台，新西兰Transtak工程设备公司生产的BAB troy果园升降作业平台具有代表性，实现自动转向、巡航等功能，能适应坡度为30度的坡地作业条件，并且具有"两轮转向，后轮自动对准""四轮转向""四轮转向绞车"三种驾驶模式，同时具备纵坡调平功能。日本研发的作业平台尺寸小且多配套于履带式行走机构。20世纪90年代，日本着手开发山地陡坡果园作业平台，机具轮距宽、重心低、爬坡能力强、行走稳定性高，适用于15~30度的坡地。筑水农机公司开发的BP和BY系列的小型果园运输管理机械，均采用履带式行走机构，优点是与地面接触面积大、接地比压小、爬坡性能和越沟性能较好。

在国内，适合丘陵区果园的作业平台不多且机械化水平较低，对果园作业平台的研究起步较晚，进展也比较缓慢。20世纪90年代，果园辅助升降作业平台开始进入我国，并得到初步发展，新疆机械研究院、山东华兴、山东农业大学、江苏大学、潍坊沃林机械设备有限公司等科研院所、高校和企业针对我国果园种植与分布特点开展了一系列研究，已研制出电动升降平台、履带式多功能果园作业平台、果园多功能遥控作业平台、果园单人操控式小型升降管理机及自走式果园采摘平台等系列样机，实现了果园内剪枝、施药、采收的作业，并进行了试验应用。

（3）多功能轨道作业系统装备　国外的丘陵山区索轨作业装备以日韩为主。日本 Nikkari 公司根据市场需求提供多种系列的轨道运输车，其中重载 M-1000MSB 系列单轨运输车在坡度为 45 度时最大载重量为 1 吨；三轨运输车在坡度为 45 度时最大载重量为 1 吨，在坡度为 30 度时最大载重量为 1.5 吨，在坡度为 15 度时最大载重量为 2 吨。欧洲国家的山地轨道运输技术来源于日韩，如德国将单轨运输车应用于葡萄园的生产作业。国外针对与轨道作业系统匹配的灌溉、植保、输运等作业机具的研究较少，普遍采用机械结构紧凑的通用型自走式机具，如中小型植保机具和中小型运输车。

国内相继开发了轨道自走式、索道牵引式运输机。目前华中农业大学和华南农业大学已研制出各式的轨道运输车，大大减轻了果农的工作量，填补了国内自主研发山地轨道运输领域的空白，推动山地轨道运输在国内的应用。目前，国内尚无针对与轨道作业系统配套的灌溉、植保、输运等作业机具的相关研究，均采用由轨道作业系统搭载中小型自走式装备的方式实现丘陵山区农业生产活动。

（4）果园轻简高效作业机具

1）果园植保机械。美、欧、日等发达国家在果树种植、修剪时已经考虑到机械化作业要求，果树的株、行距及树形大小规范统一，施药作业基本上由拖拉机配套或自走式风送喷雾机完成。从施药装备的类型来看，日本和美国主要为低矮型果园自走式底盘配备轴流风机的果园喷雾机。近年来无人驾驶的遥控式果园喷雾机得到广泛应用，以避免农药对操作人员的危害。在欧洲，特别是法国、意大利等国家，果园喷雾机类型较多，既有果园自走式底盘配备轴流风机的果园喷雾机，也有拖拉机配套的配备轴流风机或离心风机的果园喷雾机。近年来拖拉机配套的配备离心风机进行果树靶标边界仿形低量施药的果园喷雾机，以及拖拉机配套的通道式循环喷雾机发展迅速，在提高农药有效利用率、减少农药施用量方面效果明显。

我国的传统果园仍采用背负式和担架式喷雾机人工作业，现代化果园主要采用拖拉机悬挂式喷雾机，自走式机型以研学日韩技术为主，动力多为中小型，功能单一。在精量施药方面，国内未见实用机型。

2）果园除草机械。国外研究自动避障除草机械较早，研发的机具在条件较好的标准化果园有一定的应用推广，但机具成本较高，且杂草信息获得环节易受干扰而使得避障作业不准确，这些缺点也限制了机具在国内市场的推广及应用。

国内的果园中耕除草主要采用旋耕机、微耕机、弹齿耙作业，这些机具有较强的切土能力和碎土能力，但一次作业往往只能去除行间杂草，去除株间杂草则需要多次作业，避开果树及障碍物所需人工操作烦琐，多次作业增加了劳动成本。

3）自走式轻型采收作业装备。国外的采果机械主要包括气力振动采收装置和机械振动采收装置两大类。气力振动采收装置主要适用于柑橘、沙棘、黑加仑等林果类的采收，采收效率较高，可达90%以上，可提高工效2~3倍。机械振动采收装置又可分为梳刷式和振摇式，梳刷式采收装置主要适用于草莓、葡萄等浆果的采收；振摇式的应用最为广泛，主要包括机械推摇采收机与机械撞击采收机两种，适用于采收核桃、扁桃、柑橘、黑莓、杏等多种林果，采收效率可达90%以上。

目前国内核桃、板栗等干果的采收仍以采收人员手持木杆敲打树枝振落果实或攀爬树干依靠身体力量摇动树枝为主，采收劳动强度大、效率低，采收作业事故风险大，人员伤亡率高，迫切需要针对丘陵山区的地形研制山地干果采收机械，以机械采收代替人工采收，提高采收效率、降低采收成本，解决制约我国林果业发展的瓶颈问题。

2. 未来5~10年发展趋势及需求

（1）丘陵山区是全面乡村振兴的重点和难点，迫切需要补齐丘陵山区机械化弱项短板　丘陵山区是我国粮食和特色农产品的重要生产基地，主要分布在全国19个省区市的1400余个县市区，涉及农业人口近3亿人。农业农村部有关调查数据显示：我国丘陵山区面积约占全部国土面积的43%，其耕地面积约占全国耕地面积的1/3，作物播种面积也约占全国作物播种面积的1/3，其中3/4的耕地分布在坡度为16~25度的丘陵山地上。丘陵山区杂粮、根茎类作物等都是区域特色、优势农产品，具有很强的商品竞争力，已成为农民增收、农业增效、农村发展的重要产业。随着农村劳动力转移，用工难、用工贵等问题凸显，生产成本显著增加，丘陵山区种粮积极性逐步丧失，直接威胁区域粮食自给能力，对商品粮需求形成巨大压力。同时，特色经济作物种植管理与收获等仍以人工为主，劳动强度大、生产成本高，已经影响到丘陵山区特色优势产业的发展。推进丘陵山区宜机化改造的短期巨大资金需求，也使得我们不得不走"以机适地"和"以地适机"并举的发展路径。

（2）发展丘陵山区全程全面农业机械化智能化生产是现代农业产业提质增效的重要环节　针对丘陵山区、南方水田等适度规模生产全程机械化的重点和难点，以主要粮食作物和经济作物为重点，推进耕整、栽插、播种、植保、灌溉、收获等高效机械化作业，形成全程机械化作业体系，推进多熟制生产和标准化间套作生产，发展规模化、集约化和标准化农业，实现旱涝保收、高产稳产；围绕构建退化防控、地力培育、高效绿色生产、生态循环等保护性耕作系统，推进土壤提质、深松深翻、免耕播种、水肥施用及植保、收获及秸秆覆盖还田、秸秆收集及利用机械化，构建更加高效适用、绿色循环的保护性耕作技术及装备体系，保护和利用好耕地；围绕一二三产业、生产生态生活、农业农村农民融合发展，推进农产品清选、干燥、分级、包装、保鲜、储运等机械化发展，建立低碳、低耗、循环、高效的初加工、精深加工与综合利用加工体系，提升农产品产地商品化水平，支撑乡村旅游、电子商务、农商直供、农产品定制生产等新产业，促进乡村特色产业提档升级；围绕农业智能精细生产、作业管理服务化的需求，形成适合不同生产规模的信息实时感知、定量决策、智能控制、精准作业、智慧服务的种养加生产信息化、智能化整体解决方案，发展丘陵山区智慧农业、工厂化农业等新业态、新模式，促进现代农业高质高效、绿色生态和可持续发展。

3. 未来5~10年发展重点方向

（1）丘陵山区高效通用动力及作业机具　针对我国丘陵山区人工作业强度大、效率低、高效作业装备缺乏等问题，开展丘陵山地通用作业底盘、轻简轻便作业机具、丘陵山地智能植保作业装备、高效低损采收、智能输运系统及装备等研发，突破动力传递与高效驱动、车身姿态调整、坡地自适应控制、底盘爬坡与稳定性等关键核心技术，创制轻便高效的丘陵自适应山地通用多功能作业底盘；突破轻量化和简便化、自动化丘陵山地小型作业机具关键技术，开发可与动力底盘配套的适合丘陵山地通用开沟、起垄、施肥、覆土、培土、播种、栽植、除草与收获等作业机具；研发丘陵山区复杂地貌条件及农情环境的高可靠、高稳定性植保无人机、轻量化自走式喷雾机、固定式药液喷洒系统等；开展山地输水、农资运输、果园货运系统与设施研究，突破山地节力物运、索轨结构融合与远程遥控、运输系统稳定性与可靠性、模块化快速换装等关键技术，开发丘陵山地多功能输运系统及装备。

（2）丘陵山区粮食作物全程机械化技术装备　针对丘陵山区旱作农业适度规模生产缺乏适用机械化作业装备与配套性差、制约全程机械化发展的问题，以主要粮食作物和经济作物为重点，试验改进耕整、栽插、播种、植保、收获等高效作业机具，开展麦类、玉米、薯类、杂粮机械化作业成套装备，形成全程机械化作业体系，推进丘陵山区农业生产规模化、集约化和标准化。

（3）丘陵山区特色作物高效生产作业装备　围绕林果、甘蔗、蔬菜等特色作物全程全面机械化需求，以提升全程机械化水平、作业效率效益为目标，重点研发种植、施肥、施药、联合收获机等丘陵山区甘蔗生产全程机械化技术装备，研发苹果、桃、梨、脐橙、油茶、茶叶等大宗林果标准化、规范化生产田间施肥施药作业、整形修剪、水果套袋及选择性采收、智能化管理、茶叶采收、油茶收获等成套智能作业装备，研发丘陵山区油菜、花生、油葵作物高效生产田间施肥、施药作业，以及油菜高效割铺、捡拾收获、花生挖掘铺放、捡拾收获、油葵采收、脱粒、清选等生产全程机械化技术装备，研发中药材播种、定植、田间施肥/施药、挖掘采收等作业装备。

（4）丘陵水田机械化生产作业装备　针对丘陵梯级水田机械化难度大、作业装备适应性的问题，结合适应性品种、多熟制种植模式、高效机械化栽培农艺等，研究与丘陵水田、多熟制不同品种、种植模式相适应的农机作业技术，集成研制水田整地、油菜移栽、水稻种植、病虫害防治、深泥脚田收获、再生稻收获等机械化作业装备，形成丘陵山区水田和多熟制机械化生产技术装备体系。

2.3.7　农产品品质检测与分选装备

1. 国内外科技创新及产业发展现状

（1）农产品品质检测与分选向多技术融合、多品质实时无损智能化检测方向发展　农产品品质的近红外光谱无损检测是商品化程度和应用推广度最高、最为成熟可靠的无损检测技术之一。农产品品质主要包括形状、大小、色泽、表面损伤和缺陷等外部品质，以及糖度、酸度、水分、成熟度、新鲜度、硬度、内部病变或缺陷、营养成分等内部品质。传统的农产品品质检测方法普遍需要借助理化分析测定或大型仪器分析，检测过程破坏性强、复杂烦琐。农产品品质无损检测技术主要有机器视觉（包括可见光成像、近红外成像、多光谱成像、荧光成像、激光散射成像等）、光谱、介电特性检测、声学特性检测、X 射线检测等技术。针对不同检测对象和检测指标，这些无损检测技术各具优势。其中，以近红外光谱为代表的光谱分析技术具有简单方便、快速高效、结合化学计量学方法便可获取内部信息等优势。农产品品质的近红外光谱无损检测始于 20 世纪 50 年代，已在硬度、糖度、酸度、蛋白质含量、水分含量等品质的定量分析，以及成熟度、损伤、内部病变、褐变的定性分析中取得了大量的研究成果。机器视觉技术具有精度高、非接触、可获取外部信息等优点，已得到广泛应用，并成为农产品品质检测的有效工具。

（2）农产品品质检测与分选技术装备正向高通量、高效率、全自动机器人分选方向迈进　国外在这方面的研究起步较早，相关技术产品已商品化成熟应用。自 20 世纪 70 年代国外学者首次将机器视觉技术应用于农产品无损检测以来，荷兰 Aweta、Greefa 和 Crux Agribotics、挪威 Tomra 集团、法国 Maf Roda、意大利 Unitec、澳大利亚 GP Graders，以及日本 Shibuya Seiki、Mitsui 和 Omi 等跨国公司先后开发出了针对果蔬外观品质检测的分选设备、果蔬内部品质检测的分选设备及果蔬内外部品质一体化检测的分选设备，以重量和外部品质为主，辅以内部品质检测和异物剔除功能的多传感器融合、机电一体化、智能化的设备性能，单机处理速度快、精度高，实现了多种检测指标进行高速、高通量检测，已在全球果蔬市场中得到广泛应用。

虽然国内的果蔬品质检测与分选研究起步较晚，但发展迅速。浙江大学、中国农业大学、江苏大学、北京市农林科学院、中国农业科学院农业信息研究所、西北农林科技大学、中国农业机械化科学研究院等高校、院所均开展了技术研发和产品研制，已研发成功了车载式、便携式、在线式自由托盘式、滚轮果托式、小型果及高通量智能检测分选等系列技术装备，并在全国推广应用。江西绿萌科技股份有限公司、浙江开浦科技有限公司、合肥泰禾智能科技集团股份有限公司等企业的果蔬分选设备在外部品质指标检测中已经能够做到较高精度，在内部品质检测指标中，也已经开始了研发工作，推出了较为成熟的产品并应用于国内各大水果产区。

2. 未来 5~10 年发展趋势及需求

（1）农产品检测分选助力农产品优质化、特色化、品牌化发展　随着人口增加、城镇化进程加快、居民收入提高、现代流通体系发展及农产品销售渠道多样化，农产品消费将持续增长，我国农产品加工业将由数量效益型向质量效益型转变，预测未来几年我国农产品产量将持续稳定增长，但增长幅度将放慢，农产品总需求会逐步增加，特别是对优质安全农产品的需求量会上升。农产品产业将朝着标准化、优质化、特色化、品牌化的方向高质量发展。因此，区域特色农产品的特定品质检测分选技术、果蔬内部营养物质检测分选技术、有利于运输储藏的果蔬品质检测分选技术等将成为发展重点。

（2）移动式产地采收分选智能一体机降低农产品采后损耗　我国果蔬损耗率达 20%~30%，远高于西方国家的 5%。每年约有 1.3 亿吨的蔬菜和 1200 万吨的果品在运输中损失，造成的经济损失达 750 亿元。其主要原因是农产品产地初加工前后环节一体化技术装备缺乏，过程多，损耗大。因此，农产品产地采收分选一体化的移动式智能装备将成为发展重点。

（3）智能化、规模化、机器人化农产品及预制菜检测分选适应产业结构调整及社会化服务　我国 2020 年城镇化率超过 61%，到 2030 年将会超过 70%。城镇化进程的加快使农村劳动力逐年减少，1991—2018 年，我国农村劳动力、农业就业人数就从 60% 下降到 26.1%。随着人口增加、城镇化进程加快、产业结构调整与农业社会化服务体系完善，预制菜飞速发展，当前市场规模已突破千亿，正向万亿逼近。智能化、规模化与机器人化农产品检测分选技术及预制菜原料的检测分选技术等将成为发展重点。

（4）农产品品质安全与检测分选技术装备应用是保障农产品产业健康发展的基础　未来 5~10 年是我国全面建成小康社会后奋力实现 2035 年"农业农村现代化基本实现"战略目标的关键期，新形势、新任务、新需求对农业机械化提出了更高要求。农产品初加工综合机械化率仅为 36%，还属于机械化薄弱产业。据有关调查表明，生鲜果蔬的商品化设备使用率仅为 21.78%；苹果、梨、柑橘、猕猴桃 4 种水果的商品化处理设备使用率分别为 38.40%、10.78%、42.50%、36.19%，马铃薯、黄瓜、青椒 3 种蔬菜的商品化处理设备使用率分别仅为 8.73%、0.00%、7.00%，均低于 10%，而有些农产品商品化处理设备使用率还为零。同时，我国农产品存在品种多、差异大，部分农产品分选还存在"无机可用"；水果软硬度（成熟度）检测分选、区域特色农产品品牌化品质无损检测分选、小浆果内外部品质高通量无损检测分选、预制菜原料检测分选等还存在短板；另外，农产品检测分选无人化关键技术与智能装备也需要进一步加强。果蔬分选技术与装备水平的提升，有利于推进我国农业装备产业转型升级、夯实果蔬产业生产能力基础、促进果蔬成为"致富果蔬"，谱写新时代乡村全面振兴新篇章。

3. 未来 5~10 年发展重点方向

（1）区域特色农产品品质检测分选技术与装备　我国农产品种类多、差异大，部分农产品如成串葡萄、枇杷、芒果、榴梿等产后商品化处理技术与装备还是空白；小浆果内外部品质无损检测分选装备的高通量、无损伤、精细化分选技术有待突破；猕猴桃、芒果和桃等水果，为了减少运输和储藏过程的损失，往往销售时都是很硬的，不能实现"到手即食"的美好体验。针对上述短板问题，突破成串葡萄在不破坏果粒和穗的情况下，完成粒重、穗重、穗形、果粒颜色相近性、糖度、硬度等指标的在线无损检测；突破枇杷、芒果、榴梿等区域特色水果成熟度、可食率、糖度等内部品质无损检测、多表面外观品质检测的难题；突破小浆果高通量检测分选、多相机全表面多指标同步检测、表面颜色及瑕疵细分、防损伤输送分选、在线预冷等技术；突破水果硬度无损检测技术，融合声学与光学等多模态数据建模，研发硬度标准化快速检测装置，将成为创制区域特色农产品品牌化品质在线检测分选技术与装备的攻关重点。

（2）片状农产品高速检测分选技术与装备　针对片状农产品有序批量输送、正反面同步检测的难题，突破多视觉感知技术，研发卷边、烤焦、碎片、异物、形状、颜色等关键指标快速检测技术，创制天麻片、果蔬片、中药药材片、烟叶、机采茶叶等片状农产品高速检测分选技术与装备。

（3）水产品自动检测分选技术与装备　针对目前渔获需要人工进行分拣，工作强度大、危险性高、效率低的问题，突破海捕渔获品种识别等检测分选技术，研发渔获自动识别分拣系统，创制按规格指标进行渔获智能检测并自动分拣的装备产品。针对蒸煮熟虾和虾仁等虾类加工产品质量一致性差、难以自动分选处理等问题，突破虾类不同产品加工质量指标检测分选技术，研发虾产品在线检测自动分选系统，创制适合虾类加工质量检测的智能分选装备产品。

（4）预制菜原料高通量检测分选技术与装备　近年来预制菜业务指数增长，但预制菜对原料要求高，目前还主要依靠人工分拣异常品和等外品，不但速度与效率低，影响产能，而且有些内部的缺陷或病变还不能被人工检出，影响品质与品牌建设，如马铃薯饼的马铃薯切制原料、果饮的芒果切制原料，以及冷冻切制韭菜、切制甘蓝等。突破激光、色选、透射、形状分选、金探、X射线等多技术融合检测技术，创制高通量、一机多用、能检测异物与残次品的预制菜原料高速快检分选技术与装备。

（5）农产品产地移动式采收分选技术与装备　研发农产品采收、除杂、分等分级、包装等产地初加工一体化技术、移动式智能工厂等关键技术，开展采收机构、分选机构与包装机构等的集成创新，创制一批适合产地农产品产业模式的水果采收分选、结球蔬菜采收分选、萝卜采收分选等采检一体化智能装备。

（6）农产品分选无人化技术与装备　我国农产品种类多、差异大，急需攻克机器人智能分选装备，以满足"一机多用"的产业需求。突破检测技术的自学习、数据模型的云更新与自适应学习、柔性感知机械手、"手""眼"协同的农产品机器人检测分选与包装技术、多机器人高效协同技术、农产品按质智能分类暂存与出库系统，创制具有国际一流水平的农产品商品化处理机器人技术与无人工厂。

第3章 基于文献计量的植物工厂技术装备和采收机器人国际研究态势分析

3.1 引言

"十四五"期间，国家大力推动植物工厂的研发和推广，对植物工厂的发展做出了顶层部署，制定了《"十四五"全国农业农村科技发展规划》，提出要加快设施化工厂化农业关键技术应用。科技部也实施了"十四五"国家重点研发计划"工厂化农业关键技术与智能农机装备"重点专项。

植物工厂是通过设施内高精度环境控制实现农作物周年连续生产的系统，是利用计算机对植物生长发育的温度、湿度、光照、二氧化碳浓度及营养液等环境条件进行自动控制，使设施内植物生长发育不受或少受自然条件制约的省力型生产。植物工厂充分运用了现代装备工程、生物技术、设施园艺技术、植物生理、植物栽培工程与环境控制信息技术等手段，是知识与技术密集的集约型农业生产方式，多年来一直被国际公认为设施园艺的最高级发展阶段，是衡量一个国家农业高技术发展水平的重要标志之一。由于植物工厂实现了全程人工控制，光照、温度、湿度精准可控，植物生长不受外界自然条件的影响，生长速度加快，周期缩短，单位面积产量提高，机械化、自动化程度提高，节省人工成本，效益增加。而且植物工厂能够实现周年均衡生产，生产者完全可以按照市场需求制订周年的生产计划，可以有效避免市场风险。在封闭或半封闭的环境中，配有防虫网和卫生管理体系，可以有效地防止昆虫和病原菌的侵入，不施农药，可实现清洁生产。植物工厂作为一种全新的生产方式，被认为是 21 世纪解决人口、资源、环境问题的重要途径。据统计，2020 年全球室内垂直农业市场份额已达 323 亿美元，在东亚、欧美，尤其在日本、中国、韩国、美国、新加坡等国家和地区发展迅速。我国人工光植物工厂总数超过200座，成为数量仅次于日本的植物工厂大国，植物工厂生产的产品已经进入电商或超市平台。

采收机器人是一类针对水果和蔬菜，可以通过编程来完成采收等相关作业任务的具有感知能力的自动化机械收获系统，是集机械、电子、信息科学、农业和生物等学科于一体的交叉前沿科学，需要应用机械结构、视觉图像处理、机器人运动学动力学、传感器技术、自动控制技术及计算信息处理等多学科领域知识。随着我国经济的迅速发展，国民对果蔬的需求日益增长，目前我国已成为果蔬生产与消费大国，国内果蔬种植业正在加速发展。然而，果蔬采收是一项强季节性、操作复杂且劳动强度极高而效率又极低的工作，据调查，果蔬采收作业所用劳动力占整个生产过程所用劳动力的33%~50%，而目前我国的水果采收绝大部分还是以人工为主。由于工业的快速发展导致农村劳动力大量转移到城市及人口老龄化日益凸显等问题，严重影响了我国果蔬种植业的发展。因此，研究果蔬采收机器人对缓解农村劳动力缺乏、节省人工成本、提高果蔬采收效率有着重要的意义。

本部分研究聚焦于植物工厂技术装备和采收机器人两个现代农业设施装备的前沿科技问题，利用文献计量方法、专家判读法，基于对相关领域的论文文献分析，即从论文发表数量、发表时间趋势、重要研究主题、主要发文国家和发文机构、高被引频次论文的内容等角度进行系统分析，揭示了植物工厂技术装备和采收机器人领域的国际研究态势，为相关科技管理部门的决策提供参考。

3.2 研究数据与方法

以科睿唯安（Clarivate Analytics）科学引文索引（Science Citation Index，SCI）数据库收录的论文为数据源，利用文献计量学方法对2012年以来植物工厂技术装备和采收机器人领域的论文发表情况进行趋势分析，利用专家判读法对历年较高被引频次论文的研究主题和内容进行重点解读，并在此基础上揭示出相关领域的国际研究趋势。其具体方法和数据情况如下。

3.2.1　总体研究态势分析

（1）论文数据检索　以 SCI 数据库收录的期刊论文为数据源，基于植物工厂或采收机器人相关主题词，分别设计检索式，检索自 2012 年至今的期刊论文，限定为研究论文、会议论文和综述论文，再通过人工判读，剔除不相关论文。

植物工厂检索式为：TS = （"plant factory" OR "plant factories" OR "vertical farm" OR "vertical farming" OR "vertical farms" OR "controlled environment agriculture"）AND PY = （2012—2022），检索得到 973 条论文数据，剔除不相关论文后得到 751 条论文数据。

采收机器人检索式为：TS = （（Harvest * OR Picking）Near（Robot OR Robots OR Robotic OR Robotics））AND（TS = （fruit * or agricultur * or vegetable * or crop * or greenhous * or orchard or apple * or strawberr * or cucumber * or cherr * or pepper * or "oil palm * " or mango * or almond * or citrus * or vineyard * or tomato * or watermelon * or citrus * or eggplant * or rose or litchi * or coconut or lettuce * or kiwifruit * orange * or pomelo * or pear * or guava * or lychee * or broccoli）OR SU = （Agriculture or Forestry or "Plant Sciences"））AND PY = （2012—2022），检索得到 817 条论文数据，剔除不相关论文后得到 767 条论文数据。

（2）论文数据清理　利用科睿唯安的数据分析工具 DDA（Derwent Data Analyzer）对检索所得论文数据进行清洗整理，即对国家、机构和关键词字段进行规范性和一致性清洗，使分析结果更加准确、规范。

（3）论文计量分析　利用科睿唯安的数据分析工具 DDA 对清洗后的论文数据进行了基于主题词、国家和机构出现频次的数量统计和时间维度的趋势分析，揭示出论文产出及时间趋势分布、热点主题分布、主要国家分布和主要机构分布。利用词云软件，基于关键词词频，对高频词进行了词云分析，揭示出主要研究主题。利用 Vosviewer 软件，基于共词的网络分析方法，对作者关键词和数据库关键词进行了主题聚类分析，给出研究主题的聚类分析图。

3.2.2　研究重点分析

（1）重点论文选择　将检索所得论文按约 10% 的比例，选取历年被引频次位于前列的论文，组成重点论文集。

（2）技术体系构建　根据植物工厂技术装备、采收机器人的科技内涵和研发实践，构建出包括多个层级的系统的技术体系，使论文的内容解读更加系统。

（3）论文内容解读　邀请相关领域专家对高被引频次论文的内容进行了分析，按技术体系进行归类，解读并提取出重点研究内容，进而形成对领域研究重点方向和研究内容的研判分析。

3.3　植物工厂技术装备国际研究态势分析

3.3.1　总体研究态势分析

1. 论文产出及时间趋势

近 11 年，植物工厂技术装备领域 SCI 论文数量快速增加。植物工厂领域 2012—2022 年共检索到相关 SCI 论文 751 篇，总体呈现论文数量随时间快速增加、个别年份发文数量小幅波动的趋势，有 3 年增长速度尤其快（图 3-1）。2012 年论文数量为 20 篇，到 2019 年年发文量超过了 100 篇，2020 年和 2021 年的发文量均约为 150 篇，约是 2012 年的 7.5 倍。2017—2020 年论文数量增长趋势强劲，年平均增长率为 47% 左右。

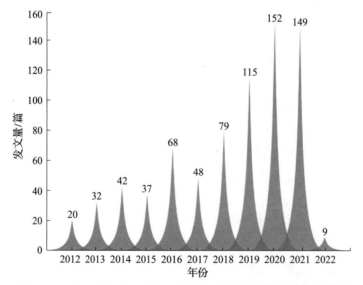

图 3-1　2012—2022 年在植物工厂领域 SCI 论文发文量的年度变化

2．热点研究主题

人工光环境技术是植物工厂技术装备的热点研究主题。在文献计量学中，论文关键词反应关键的研究主题和研究内容。图3-2展示了作者关键词清洗合并后出现频次为4次及以上的关键词（关键词字体越大表示出现次数越多）。出现频次较高的词有：LED（发光二极管）、莴苣、光合作用、水培法、光质、人工照明、生长、抗氧化剂、物联网、光谱、酚类，具体出现次数如表3-1所示。

图3-2　2012—2022年在植物工厂领域重点关键词词云

图中的高频关键词显示，人工光环境技术是最关键、最重要的研究热点，LED、光质、人工照明、辅助照明、光强度、光周期、光谱、日照积分及多种色光等控制植物生长发育；培养作物以叶类蔬菜为主，莴苣及叶用莴苣（即生菜）为最主要代表，还包括罗勒、番茄、草莓、药用植物等作物；种植模式中水培法最受关注，还包括气栽法、养耕共生等栽培方法；植物营养成分和化学物质主要关注的是抗氧化剂、酚类、类黄酮、叶绿素、花青素、葡萄糖苷酸盐、人参皂苷、绿原酸、抗坏血酸等植物次生代谢物和生物活性物质；植物光合作用主要研究光合速率、光利用效率、光拦截、叶绿素荧光、光合色素、光敏色素、光感受器、光系统Ⅱ的量子产率、光合电子传递速率等；植物生理生化研究包括光形态建成、蒸腾作用、养分吸收、营养液、昼夜节律钟等；植物生长发育研究集中于生物量、产量、形态学等；资源利用主要研究能源效率、能源消耗、节能、用水效率等；信息通信技术主要研究物联网、传感器和无线传感器网络等；自动化、智能化技术主要研究机器学习、图像处理、机器人、自动化、模型等；植物病害方面的研究比较少，主要集中于叶烧现象。

表 3-1　2012—2022 年在植物工厂领域出现 10 次及以上的关键词

关键词	出现频次	关键词	出现频次
LED	114	光强度	14
莴苣	62	光周期	13
光合作用	47	蓝光	13
水培法	43	日照积分	13
光质	34	智慧农场	12
人工照明	33	罗勒	12
生长	24	光利用效率	11
抗氧化剂	21	无线传感器网络	11
物联网	20	养耕共生	10
光谱	18	生物量	10
酚类	18	叶绿素荧光	10
植物化学物质	16	传感器	10
能源效率	15	花青素	10
光形态建成	15		

图 3-3 展示了出现频次最高的 10 个关键词的历年词频，图中的气泡越大表示该关键词出现的频次越高。LED 在 2012—2022 年期间，有 8 年是出现频次最高的年度热词，2019—2021 年连续 3 年成为年度热词。此外，光合作用是 2012 年和 2016 年的年度热词，而水培法则是 2019 年的年度热词。莴苣是植物工厂中最为常见的蔬菜品种，2019—2021 年被提及的次数有明显增加。

统计近 3 年在植物工厂领域新出现的关键词可以反映近年新技术主题的变化趋势。表 3-2 列出了近 3 年新出现的关键词中出现频次为 2 次及以上的关键词。最新的研究主题在光环境方面主要是远红外光、脉冲光照和间歇光照，在植物生长发育方面主要是硝酸盐积累、幼苗发育和光敏色素等，在适用作物方面主要是芥蓝、羽衣甘蓝和黄瓜，此外还包括计算机视觉等。

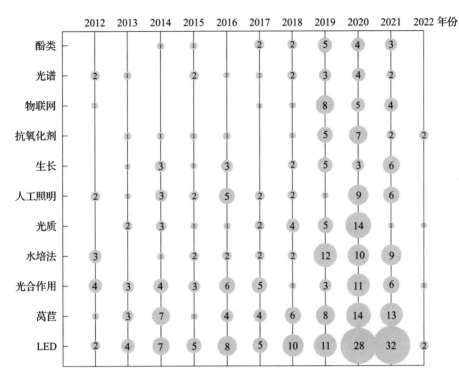

图 3-3　2012—2022 年在植物工厂领域出现频次最高的 10 个关键词的历年词频

表 3-2　2020—2022 年在植物工厂领域新出现的关键词

近 3 年首次出现的关键词	出现频次	近 3 年首次出现的关键词	出现频次
硝酸盐积累	7	间歇光照	3
远红外光	6	羽衣甘蓝	3
最优化	4	脉冲光照	3
能源消耗	4	叶片气体交换	2
幼苗质量	3	黄瓜	2
芥蓝	3	生命周期评估	2
计算机视觉	3	嫁接	2
园艺照明	3	光敏色素光静止状态	2

　　利用 Vosviewer 软件对植物工厂领域的关键词进行了主题聚类分析，设置关键词共现阈值为 5，剔除停用词后基于 65 个关键词绘制出植物工厂主题聚类图（图 3-4）。

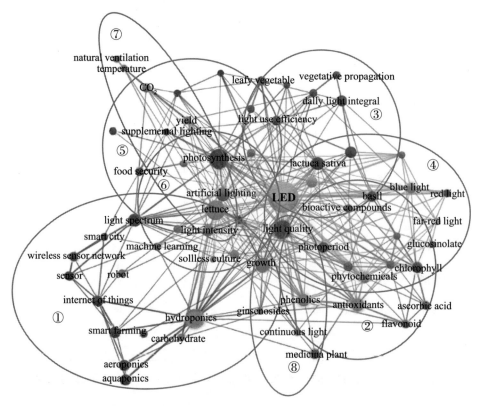

图 3-4　2012—2022 年在植物工厂领域研究主题聚类图

　　图中圆点的大小代表关键词的权重，两个圆点之间连线越粗代表两个研究主题的联系越强。聚类结果显示，植物工厂领域主要形成了 8 个聚类。聚类①主题主要集中在智慧农场、物联网、无线传感器、机器人等信息技术、智能技术的水培法、气栽法研究；聚类②主题主要集中在罗勒和各种植物营养成分如花青素、抗氧化剂、抗坏血酸、叶绿素、类黄酮、酚类等，以及植物生长生物量、光周期、光合速率等相关研究；聚类③包括莴苣、叶菜、草莓等作物的生物活性物质、节能技术及光强度和光吸收等研究；聚类④包括了蓝光、红光、远红外光等 LED 灯，以及光合量子通量密度、光化学、次生代谢产物硫苷、光形态发生等光谱光合作用强度及植物对光的生理学反应研究；聚类⑤包括光照、光合作用、营养液、生产率及食品安全等相关联的研究；聚类⑥包括人造光、昼夜节律钟、叶绿素荧光、无土栽培、番茄、机器学习等研究；聚类⑦更多围绕植物工厂气候环境的研究，包括二氧化碳、光强、自然通风、温度、产量等；聚类⑧包括光质、持续照明及药用植物等研究。

3. 国家竞争态势

1）东亚国家 SCI 发文势头强劲，日本处于领先地位。在植物工厂领域，统计第一作者所属国家的 SCI 论文发文量，图 3 - 5 显示了 2012—2022 年发文量排名前 10 国家的分布。数据显示，东亚地区中日韩三国表现突出，是第一梯队国家。其中，日本是累计发文最多的国家，共发表 142 篇第一作者论文。植物工厂的概念最早由日本提出，日本因耕地少、人口高龄化而成为全球植物工厂应用最广泛、发展最充分的国家。自 2009 年开始，日本就提出大力发展植物工厂、振兴现代农业的计划，相关研究一直走在世界前列。韩国和中国发文量相近，仅次于日本。美国的发文量排在第 4 位，位列第二梯队，有 80 篇 SCI 论文，比中国少43 篇。意大利、英国、荷兰和德国 4 个欧洲国家，以及马来西亚、印度两个亚洲国家为第三梯队，发文量在 25 篇以下。

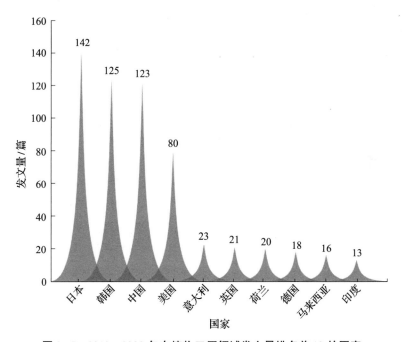

图 3-5　2012—2022 年在植物工厂领域发文量排名前 10 的国家

2）中美两国发文增长迅速，日韩稳中有升。图 3 -6 展示了在植物工厂领域SCI 发文量前 4 国家的历年发文量变化，前 4 国家发文量总体呈上升趋势。其中，中国发文量增长幅度最大，增长速度最快，从 2012—2013 年的 1～2 篇增长到2021 年的 30 多篇，在 2020 年和 2021 年连续成为发文量最多的国家，增长势头强劲。美国的增长趋势与中国相近，增长速度略低于中国。日本和韩国在近10年SCI论文发文量呈稳中有升的趋势，前期发文量大，近年发文量在中国之后，而韩国在2020年和2021年的发文量超过了日本、美国，排第2位。

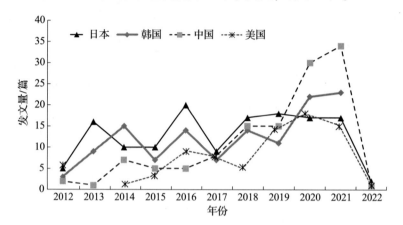

图3-6　2012—2022年在植物工厂领域SCI发文量前4国家的历年发文量

3）欧美国家论文影响力高，亚洲国家论文影响力有待提升。统计在植物工厂领域主要发文国家SCI论文的总被引频次和篇均被引频次，并按篇均被引频次排序（图3-7）。荷兰、美国、德国的篇均被引频次最高，分别是25.9次、20.7次和18.6次。其中，美国的总被引频次超过1600次，遥遥领先其他国家。发文量最高的东亚国家，虽然论文的总被引频次很高，但是在单篇论文影响力上有待提高，韩国、日本和中国的篇均被引频次分别排第7~9位。

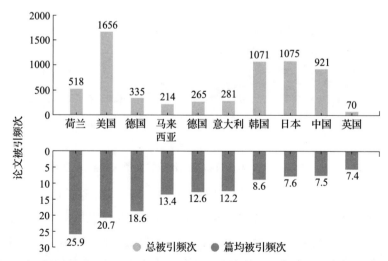

图3-7　2012—2022年在植物工厂领域发文量排名前10国家的SCI论文被引频次

4）中日韩关注植物营养成分研究，美国关注光合作用和能源研究。分析在植物工厂领域发文量排名前10国家的热点关键词，揭示出不同国家的研究侧重主题。表3-3列出了主要国家的重点关键词，其中，日本、韩国、中国和美国列出了出现3次及以上的关键词，意大利、荷兰、英国、德国、马来西亚、印度列出了出现2次及以上的关键词。总体来说，大多论文高产出国家都关注LED人工照明的相关研究。除此之外，在论文主题特色上，日韩和我国更多关注植物化学物质和营养成分的积累，美国更多关注光合作用和能源，欧洲国家中意大利更多关注资源利用，荷兰更多关注植物的光照生理反应，英国和德国更多关注栽培方法和栽培系统，马来西亚和印度更多关注植物工厂的智能技术。

表3-3　2012—2022年在植物工厂领域发文量排名前10国家的重点关键词

国家	重点关键词
日本	LED、莴苣、光合作用、人工照明、昼夜节律钟、生长、抗氧化剂、固碳反应、封闭系统、水培法、光质、光化学反应、叶烧现象、番茄
韩国	LED、光质、酚类、水培法、抗氧化剂、人工照明、生长、植物化学物质、类黄酮、光形态建成、光合作用、花青素、人参皂苷、葡萄糖苷酸盐、药用植物、莴苣、光谱、光利用效率、光合速率、植物无性繁殖、活性化合物、叶绿素、负载比、节能、草莓、图像处理、羽衣甘蓝、光强度、光周期、蒸腾作用、紫外线
中国	LED、莴苣、光质、光强度、日照积分、光合作用、人工照明、光周期、植物化学物质、生物量、远红光、抗氧化剂、蓝光、芥蓝、持续照明、节能、葡萄糖苷酸盐、生长、产量
美国	LED、水培法、光合作用、单一光源照明、莴苣、日照积分、叶类蔬菜、光系统Ⅱ的量子产率、辅助照明、罗勒、光合电子传递速率、能源消耗、能源效率、光拦截
意大利	能源效率、莴苣、用水效率、抗氧化剂、LED、光利用效率、日照积分、水培法、地表利用率
荷兰	LED、莴苣、人工照明、蓝光、光形态建成、光合作用
英国	LED、水培法、气栽法、养耕共生、罗勒、物联网、光谱、光合作用
德国	水培法、针织布料、纺织材料、气栽法、养耕共生、生物再生生命保障系统、水芹、生长
马来西亚	光谱、传感器、无线传感器网络、物联网、人工照明、自动化、持续照明
印度	水培法、物联网、养耕共生、生长、智慧农场

日本的研究主题侧重于 LED 光照、光合作用、植物昼夜节律钟、发育及抗氧化剂的积累，关注的作物主要为莴苣和番茄，关注的病害主要是叶烧现象。

韩国的研究主题较宽泛，覆盖 LED、光质、各种植物化学物质、水培法、植物生理生化过程，关注的作物主要为药用植物、莴苣、草莓、羽衣甘蓝等。

我国的研究主题更多集中于 LED 光照方面，如光质、光强度、日照积分、光周期等，关注的作物主要为莴苣、芥蓝等。

美国的研究主题侧重于 LED 光照、水培法、光合作用、能源等，关注的作物主要为莴苣、罗勒和其他叶类蔬菜。

意大利的研究主题侧重于能源、水、光及土地等资源利用效率，关注的作物为莴苣。

荷兰的研究主题侧重于 LED 光照及植物光生理，关注的作物为莴苣。

英国的研究主题侧重于 LED 光谱及水培法、气栽法、养耕共生等栽培方法，关注的作物为罗勒。

德国的研究主题侧重于水培法、气栽法、养耕共生等栽培方法，用作栽培介质的纺织物和新型栽培系统，如生物再生生命保障系统，关注的作物为水芹。

马来西亚的研究主题侧重于光谱、物联网和传感器等植物工厂自动化、信息化、智能化装备。

印度的研究主题侧重于水培法、养耕共生等栽培方法和物联网技术。

4. 机构竞争态势

1）前 10 机构主要集中在中日韩三国。在植物工厂领域 SCI 论文发文量最多的排名前 10 的机构分别来自日本、韩国、中国、美国和荷兰（图 3-8），日本、韩国均有 4 所，中国、美国各 3 所，荷兰 1 所。其中，日本千叶大学、韩国首尔国立大学、中国农业科学院和日本大阪府立大学发文量居前 4 位。日本千叶大学 SCI 发文量最高，共 38 篇。我国进入前 10 的机构有中国农业科学院、中国农业大学和华南农业大学。其中，中国农业科学院和韩国首尔国立大学并列第 2 位，发文量均为 29 篇，中国农业大学和华南农业大学分别排第 5、第 6 位。

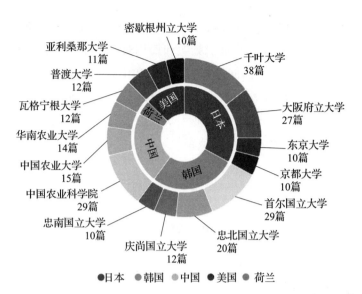

图 3-8　2012—2022 年在植物工厂领域发文量排名前 10 的机构

2）前 5 机构发文量总体呈现年度波动上升趋势。在植物工厂领域发文量排名前 5 的机构分别来自中国、韩国和日本（图 3-9）。日本千叶大学总体呈现稳步增长的趋势，2016 年和 2020 年是该机构的两个发文高峰，最高年发文量为 11 篇。中国农业科学院在 2020 年出现一个发文高峰，当年发文量达到了 12 篇，成为当年发文量最多的机构。韩国首尔国立大学发文量呈现波动趋势，2016 年和 2019 年为该机构的两个发文小高峰，最高年发文量为 7 篇。日本大阪府立大学 2013 年发文量为 10 篇，为该年度发文量最多的机构，2015 年以后呈下降趋势。韩国忠南国立大学发文量较为稳定，最高发文量为 3 篇。中国农业大学发文主要集中在 2017 年以后，略呈上升趋势。

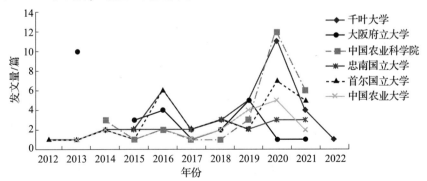

图 3-9　2012—2022 年在植物工厂领域发文量排名前 5 机构的发文量时间趋势

3）韩国机构单篇论文影响力较大，我国机构影响力居中。统计在植物工厂领域高产发文机构 SCI 论文的总被引频次和篇均被引频次，并按篇均被引频次从高到低排序（图 3 - 10）。韩国的忠北国立大学和庆尚国立大学的篇均被引频次最高，分别为 19.5 次和 18.1 次。日本千叶大学的总被引频次最高，篇均被引频次位列第 3 位。中国农业大学、华南农业大学和中国农科院的篇均被引频次和总被引频次在 10 家领先机构中处于中游位置。

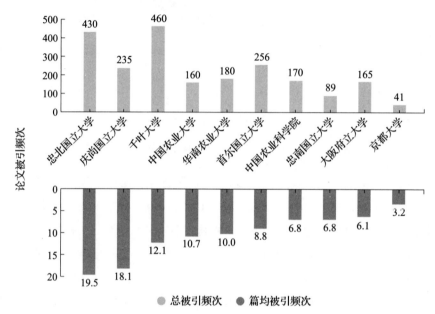

图 3 - 10　2012—2022 年在植物工厂领域发文量排名前 10 机构的 SCI 论文被引频次

4）发文量领先机构侧重光环境及植物响应研究，设施装备、智能技术、栽培方法研究较少。表 3 - 4 列出了在植物工厂领域发文量排名前 10 机构出现 2 次及以上的关键词。日本千叶大学侧重开展 LED、抗氧化剂、光合作用和药用成分等植物化学物质的相关研究，关注的主要作物是莴苣、芫荽、紫苏和药用植物等。韩国首尔国立大学侧重开展 LED、光质、植物营养物质、抗氧化剂、光合作用及其生理生化、繁殖育苗等研究，关注的主要作物为草莓。中国农科院侧重开展 LED、光强、光质、光周期、光谱技术、生物量等研究，关注的主要作物为莴苣。结合其他主要机构的高频关键词可知，主要发文机构的研究更多集中在人工光环境及植物在人工光条件下的化学物质、代谢物质生产等研究上，对植物工厂的设施设备、生产作业装备、智慧管理系统、栽培方法等关注较少。

表3-4　2012—2022年在植物工厂领域发文量排名前10机构的重点关键词

国家	机构	重点关键词
韩国	首尔国立大学	LED、光质、植物无性繁殖、类黄酮、草莓、水培法、酚类、抗氧化剂、人工照明、生长、光拦截、光利用效率、非直线双曲线模型、光形态建成、光合作用、育苗
	忠北国立大学	光照质量、LED、药用植物、酚类、活性化合物、植物化学物质、花青素、抗氧化剂、负载比、能源效率、生长、莴苣、水蓼素、光合作用、光合速率、紫外线
	庆尚国立大学	LED、光谱、光形态建成、花青素、蓝光、菊花、暗期中断法、光周期
	忠南国立大学	功能性成分、葡萄糖苷酸盐、大白菜
日本	千叶大学	LED、抗氧化剂、光合作用、莴苣、人工照明、同化箱、绿原酸、封闭系统、芜菁、光周期、药用植物、紫苏、植物化学物质、光量子通量密度、芦丁、辅助照明
	大阪府立大学	昼夜节律钟、莴苣、生物发光测定法、LED、机器学习
	东京大学	LED、莴苣、紫苏属、光合作用
中国	中国农业科学院	LED、莴苣、光强、光质、持续照明、节能、抗坏血酸、生物量、碳水化合物、热泵、高强度光照、ICP - AES、养分吸收、优化控制、光周期、植物形态学
	中国农业大学	日照积分、花青素、人工照明、LED、光能转换效率、红蓝光比率、植物无性繁殖
	华南农业大学	植物化学物质、远红光、芥蓝、葡萄糖苷酸盐、生物量、莴苣
美国	普渡大学	单一光源照明、水培法、LED、辅助照明
	亚利桑那大学	莴苣、番茄
	密歇根州立大学	LED、单一光源照明、日照积分、光敏色素、光照质量
荷兰	瓦格宁根大学	LED、莴苣、蓝光、光利用效率

3.3.2　研究重点分析

在751篇检索论文中，选取各年度被引频次位于前10%的论文，得到了76篇被引频次较高的论文（以下简称高被引论文），邀请专家构建了植物工厂研究的技术体系，并对高被引论文的内容进行了判读，结合文献和情报分析，对植物工厂领域的重点研究主题进行了分析，就研究主题分布，对主要研究主题的重点研究内容进行了深入分析研判。

结果显示，植物工厂领域的研究主题包括环境及能源系统研究、应用场景、智慧管理系统研究、栽培系统、工厂化设施及生产作业装备等。图3-11给出了高被引论文研究主题的发文量分布。其中，82.9%的高被引论文涉及植物工厂环境及能源系统方面的研究，共有63篇；68.4%的高被引论文涉及特定作物的应用场景，共有52篇；智慧管理系统方面的论文有17篇，占22.4%；工厂化设施方面的论文有13篇，占17.1%；生产作业装备领域的论文有11篇，占14.5%；栽培系统方面的论文有6篇，占7.9%。

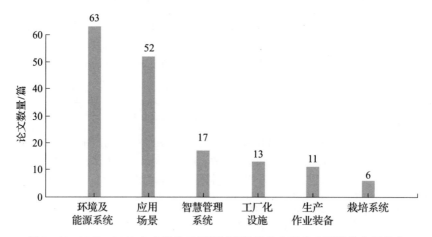

图3-11　2012—2022年在植物工厂领域高被引论文研究主题的发文量分布

1. 环境及能源系统

植物工厂环境及能源系统方面的研究，主要包括光环境监测与调控、气流监测与调控、气体监测与调控、温湿度监测与调控及二氧化碳等气体的监测与调控等。

1）植物工厂人工光环境监测与调控研究。光作为控制植物生长发育的重要环境因子之一，对于人工光植物工厂，人工光源的性能和供光策略对其作物生产和经济效益具有重要影响。在植物工厂环境及能源系统领域的63篇论文中，47篇论文集中在光环境设计、调控、监测、应用及效果评估方面，占74.6%。

近年来，由于LED具有窄波段、高能效、光谱光量任意可调等优势，在植物对人工光源组合光谱的生长反应研究中得到广泛应用，针对提高工厂生产率的新型动态 LED 照明策略的研究也日益深入。将 LED 光源应用于植物工厂的研究包括光质的设计、光谱波段的选择、光强的调节、光照时间的安排、光照调节策略等。研究人员通过调节不同光质、光强、光照周期和光照方案，分析评估植物工厂种植作物的生长发育、光合作用、营养和代谢水平、品质等。

①对 LED 光源光质的研究最为充分，历年共有 31 篇被引频次较高的论文。主要研究内容为最常用的红光和蓝光，以及绿光、紫外光、远红外光等，采取单独照射、不同波长光以不同比例混合照射、光谱波段"敲除"、补充自然光照射或交替照射、在作物生长的不同阶段采用特定的光谱光照等不同光质方案，对作物的生物量、形态、营养物质和代谢物质等化学成分含量等的影响和评估。不同色光由于具有不同光谱段，对作物吸收光谱的特定生理生化功能具有不同影响，对作物的生物量、形态及营养含量的影响方向和程度往往不同，如 2013 年韩国科学家发表的一篇被引 195 次的论文对不同蓝光和红光 LED 组合照射下生菜的叶片形状、生长和抗氧化酚类化合物进行了研究，结果表明，高比例的蓝光对生菜生长产生负面作用，但是对叶绿素含量、总酚浓度、总黄酮浓度和抗氧化剂含量的增加具有促进作用。表 3-5 列出了 LED 人工照明光质相关高被引论文。

表 3-5　LED 人工照明光质相关高被引论文

序号	中文标题	英文标题	发表年/被引频次	主要研究内容	作者机构（所属国）
1	不同蓝光和红光 LED 组合下两个生菜品种的叶片形状、生长和抗氧化酚类化合物	Leaf Shape, Growth, and Antioxidant Phenolic Compounds of Two Lettuce Cultivars Grown under Various Combinations of Blue and Red Light-emitting Diodes	2013/195	100% 红色 LED 下两个生菜品种有更高的叶片形状指数，大多数生长特性都最高，增加蓝色 LED 会对生菜的生长产生负面影响。相反的是，在高比例的蓝光下，生菜的叶绿素含量、总酚浓度、总黄酮浓度和抗氧化能力明显更高	忠北国立大学（韩国）
2	利用逆系统模型策略分析和优化光照和营养液对小麦生长发育的影响	Analysis and optimization of the effect of light and nutrient solution on wheat growth and development using an inverse system model strategy	2014/24	红白光（RW）和白光（W）更有利于小麦的生长发育，光合速率、收获指数、千粒重、可食和不可食生物量指标优势明显	北京航空航天大学（中国）

（续）

序号	中文标题	英文标题	发表年/被引频次	主要研究内容	作者机构（所属国）
3	在使用不同波长紫外线 UV-A、-B或-C灯的封闭式植物生产系统中生长的莴苣的生长和酚类化合物	Growth and phenolic compounds of Lactuca sativa L. grown in a closed-type plant production system with UV-A, -B, or -C lamp	2014/71	持续的长波紫外线处理显著诱导酚类化合物和抗氧化剂的积累。重复或逐渐暴露于中波紫外线后，总酚类和抗氧化剂的含量增加，也发生了生长抑制。重复的短波紫外线暴露增加了酚类化合物的含量，但严重抑制了莴苣植株的生长	忠北国立大学（韩国）
4	塑料温室和生长室中LED灯对草莓产量的影响	Effects of LED light on the production of strawberry during cultivation in a plastic greenhouse and in a growth chamber	2015/80	以LED灯为唯一光源可导致较高的叶绿素水平。以LED灯补充自然光源可导致更高的草莓果实产量，以及果实中更高的有机酸含量水平	国家园艺和草药科学研究所（韩国）
5	不同红光与远红光LED比例下生菜的生长与细胞分裂	Growth and cell division of lettuce plants under various ratios of red to far-red light-emitting diodes	2015/28	经红光与远红光（R/FR）处理的作物的生长得到改善。由于远红光会影响生菜等叶类蔬菜的营养生长，在为封闭式植物工厂设计人工照明系统时，应考虑补充远红光LED	忠北国立大学（韩国）
6	在LED发出的不同比例的红、蓝、绿光下生菜的叶片光合速率、生长和形态	Leaf photosynthetic rate, growth, and morphology of lettuce under different fractions of red, blue, and green light from light-emitting diodes (LEDs)	2016/43	叶片光合速率在80%红光和20%蓝光下最高，随着绿光的加入和蓝光的缺失而显著降低。随着蓝光比例的增加，叶片大小和作物生长显著下降。添加10%的绿光对生菜的生长没有积极影响	首尔国立大学（韩国）

（续）

序号	中文标题	英文标题	发表年/被引频次	主要研究内容	作者机构（所属国）
7	红蓝 LED 交替照射对生菜生长及营养特性的影响	Growth and nutritional properties of lettuce affected by different alternating intervals of red and blue LED irradiation	2017/49	在能耗相同的情况下，与同时照射红蓝光相比，交替照射红蓝光 R/B（交替间隔8小时）和 R/B（1小时）的作物的产量更高，而 R/B（4小时）和 R/B（2小时）的作物的营养成分更高。可以通过采用不同的红蓝光交替间隔来有目的地调整生菜的生长和品质	北京市农林科学院（中国）
8	模拟植物工厂的人工生长条件下，光质、二氧化碳和营养素对生菜代谢产物组成的协同效应	Synergistic effects of light quality, carbon dioxide and nutrients on metabolite compositions of head lettuce under artificial growth conditions mimicking a plant factory	2017/31	采用 CE - MS 技术研究了植物工厂中高二氧化碳、营养配方和 LED 光质对生菜中初级代谢产物积累的影响。结果表明，高二氧化碳（1000 毫克/千克）和养分供应提高了生物量和一些氨基酸的含量	埼玉大学（日本）
9	不同 LED 光源对生菜生长和氮代谢的影响	Effects of different LED sources on the growth and nitrogen metabolism of lettuce	2018/42	紫光、蓝光和红蓝组合光源可以通过提高生菜中氮代谢相关酶的活性来促进氮的同化，改善生菜的地上生物量积累。特别是 4R/1B 光源能更好地有效改善生菜的营养品质，促进生菜生长，而黄光和绿光不适合作为植物工厂的直接光源	河南农业大学（中国）
10	绿色、黄色和紫色辐射通过光谱波段"敲除"对多叶生菜生物量、光合作用、形态和可溶性糖含量的影响	Effect of green, yellow and purple radiation on biomass, photosynthesis, morphology and soluble sugar content of leafy lettuce via spectral wavebands "knock out"	2018/38	除去光谱中的绿光、黄光和紫光对生菜的生物量、光合作用和可溶性糖含量有显著的调节作用，而这种作用的效果取决于不同的生长期	北京航空航天大学（中国）

（续）

序号	中文标题	英文标题	发表年/被引频次	主要研究内容	作者机构（所属国）
11	红光和蓝光交替连续照射促进生菜生长，同时保持营养品质	Continuous Irradiation with Alternating Red and Blue Light Enhances Plant Growth While Keeping Nutritional Quality in Lettuce	2018/20	在相同的日照积分下，与白色荧光灯或红色和蓝色 LED 相比，用交替的红蓝光连续照射可以促进生菜的生长，同时保持生菜的营养品质	东京大学（日本）
12	窄带 LED 在不同光质和光强条件下生长的生菜代谢重组	Metabolic Reprogramming in Leaf Lettuce Grown Under Different Light Quality and Intensity Conditions Using Narrow-Band LEDs	2018/36	基于多组学的方法评估在窄带 LED 照明下生长的生菜幼苗的代谢和转录重编程。数据表明，绿光传输的能量有效地在生物量生产和植物防御所涉及的次生代谢物生产之间建立平衡	电力工业中央研究院、日本理化学研究所、筑波大学（日本）
13	用于植物生长的高功率 LED 光源的红光荧光粉/玻璃复合材料（PiG）	Ultrastable red-emitting phosphor-in-glass for superior high-power artificial plant growth LEDs	2018/69	应用红光荧光粉/玻璃复合材料制备的高功率 LED 光源发现，小油菜经过 15 天辐照后，生物量比使用普通红蓝 LED 灯培养的多 48.9%，抗坏血酸、可溶性蛋白、可溶性糖和总叶绿素水平也有增加	华南农业大学（中国）
14	环境光照对水培生菜生长、光合作用和品质的影响	Effects of environment lighting on the growth, photosynthesis, and quality of hydroponic lettuce in a plant factory	2018/56	在红蓝比为 2.2 的 LED 下，光合光子通量密度（PPFD）为 250 微摩尔/（米^2·秒）、光周期为 16 小时/天的条件是合适的光照环境，可在室内受控环境下实现生菜的最大生长和高质量生产	中国农业大学（中国）

（续）

序号	中文标题	英文标题	发表年/被引频次	主要研究内容	作者机构（所属国）
15	白光与白光加红光 LED 日照积分对水培生菜生长、营养品质和能量利用效率的影响	Growth, Nutritional Quality, and Energy Use Efficiency of Hydroponic Lettuce as Influenced by Daily Light Integrals Exposed to White versus White Plus Red Light-emitting Diodes	2019/22	叶重、根重及能效随着每天日照积分（DLI）的增加而线性增加，而光能和电能利用效率（LUE 和 EUE）随 DLI 的增加而线性下降。在 12.60 摩尔/（米²·天）的 DLI 下，红蓝比为 2.7 的白色加红色 LED 被推荐用于植物工厂水培生菜的生产	中国农业大学（中国）
16	解开红色：蓝色 LED 灯对室内种植甜罗勒资源利用效率和营养特性的作用	Unraveling the Role of Red: Blue LED Lights on Resource Use Efficiency and Nutritional Properties of Indoor Grown Sweet Basil	2019/66	红蓝比为 3 时为室内培养甜罗勒提供了最佳生长条件，促进了生长、生理和代谢功能及资源利用效率方面的改善	博洛尼亚大学（意大利）、瓦格宁根大学（荷兰）
17	用绿色或远红光辐射代替蓝色辐射可以避免阴影，并促进生菜和羽衣甘蓝的生长	Substituting green or far-red radiation for blue radiation induces shade avoidance and promotes growth in lettuce and kale	2019/29	用绿光和/或远红光 FR 辐射代替蓝光辐射会触发避荫反应，加速作物生长，同时降低色素浓度	密歇根州立大学（美国）
18	油菜在红色和蓝色、白色和 LED 提供的人工光源下生长	Growth of red pak choi under red and blue, supplemented white, and artificial sunlight provided by LEDs	2019/21	窄带和宽带光源均可用于控制油菜的形态、植物营养素和生物质的分配	美国国家航空航天局（美国）
19	芥菜嫩苗对 UV-A LED 不同波长和持续时间的响应	Response of Mustard Microgreens to Different Wavelengths and Durations of UV-A LEDs	2019/17	在 LED 照明系统中适当组合的 UV-A LED 可以提高芥菜的营养质量，而不会对作物生长造成任何不利影响	Lithuanian 农林业研究中心（立陶宛）

（续）

序号	中文标题	英文标题	发表年/被引频次	主要研究内容	作者机构（所属国）
20	红光和蓝光LED长期持续照射下生菜抗坏血酸和代谢的动态响应	Dynamic Responses of Ascorbate Pool and Metabolism in Lettuce to Long-term Continuous Light Provided by Red and Blue LEDs	2019/17	在红色和蓝色连续光照下生长15天的生菜植株获得了更多的生物量和抗坏血酸，而没有叶片损伤，从能量的角度来看，9天是提高产量的最具成本效益的持续时间	中国农业科学院（中国）
21	远红光照射与蓝色和红色光子通量密度相互作用调节生菜和罗勒幼苗的生长、形态和色素沉着	Far-red radiation interacts with relative and absolute blue and red photon flux densities to regulate growth, morphology, and pigmentation of lettuce and basil seedlings	2019/34	远红外富集改善了光合辐射捕集，从而促进了单源光下的作物生长，并且其效果在高蓝红比和低PPFD下尤其明显	密歇根州立大学（美国）
22	基于三维建模的番茄植株对光照质量的形态和生理响应	Integrating Morphological and Physiological Responses of Tomato Plants to Light Quality to the Crop Level by 3D Modeling	2019/19	作物结构和光谱依赖性光合作用的组合导致最初在绿光下生长的作物在红光下的作物光合作用率最高。动态光谱可以为提高温室园艺和垂直农业等高价值生产系统的生长和产量提供一种光照选择	瓦格宁根大学（荷兰）
23	高效双宽发光转换器：下一代植物生长LED的选择	Highly efficient and dual broad emitting light convertor: an option for next-generation plant growth LEDs	2019/25	应用利用双发光荧光粉/玻璃复合材料板（Dual-PiGP）制备的高功率双宽带发射器的栽培结果表明，意大利生菜的生物量比使用商业植物灯栽培的高12.12%，可溶性蛋白和总叶绿素的含量也有所提高	华南农业大学（中国）

（续）

序号	中文标题	英文标题	发表年/被引频次	主要研究内容	作者机构（所属国）
24	改进的物联网（IoT）监测系统用于白菜生长优化	Improved Internet of Things（IoT）monitoring system for growth optimization of Brassica chinensis	2019/18	提出了利用物联网技术作为远程监控系统的新方法，通过调节光谱、光周期和强度等 LED 参数来控制室内气候条件，以提高产量并减少周转时间，系统运行稳定	马来西亚理工大学（马来西亚）
25	模拟日光的白光和不同蓝红光谱对不同生长阶段生菜生长、形态、发育和植物化学成分的影响	Impact of sun-simulated white light and varied blue：red spectrums on the growth, morphology, development, and phytochemical content of green- and red-leaf lettuce at different growth stages	2020/16	研究了模拟太阳的白光和不同比例的蓝红光谱对不同生长阶段绿叶生菜和红叶生菜的生长、形态、发育和作物化学成分的影响	北卡罗来纳州立大学（美国）
26	UV‐A 和 FR 辐射改善了人工轻植物工厂中生菜的生长和营养特性	UV‐A and FR irradiation improves growth and nutritional properties of lettuce grown in an artificial light plant factory	2021/9	UV‐A 补充减小了叶面积、生物量和硝酸盐含量，提高了叶绿素等营养物质。FR 照射导致更大的叶面积和不变的生物量。UV‐A 和 FR 共同照射对叶片扩张和生物量的影响最为显著，但降低了作物化学成分	华南农业大学（中国）
27	用冠层大小和光利用效率解释垂直农场生菜和水菜的生长差异	Canopy Size and Light Use Efficiency Explain Growth Differences between Lettuce and Mizuna in Vertical Farms	2021/6	水菜具有更大的冠层、较高的叶绿素含量指数和较高的光系统 Ⅱ量子产率，因此与生菜相比，水菜有更高的光合利用效率，在植物工厂中能更有效地利用光能	佐治亚大学（美国）

（续）

序号	中文标题	英文标题	发表年/被引频次	主要研究内容	作者机构（所属国）
28	在红蓝 LED 灯中添加远红光促进不同种植密度生菜的产量	Adding Far-Red to Red-Blue Light-Emitting Diode Light Promotes Yield of Lettuce at Different Planting Densities	2021/6	远红光对作物干重的影响在低种植密度时强于高种植密度。此外，增加的入射光利用效率可能有助于增加生物质产量	瓦格宁根大学（荷兰）
29	红色 LED 灯促进水培贯叶连翘的生物量、开花和次生代谢物积累	Red LED light promotes biomass, flowering and secondary metabolites accumulation in hydroponically grown Hypericum perforatum L. (cv. Topas)	2022/1	100% 红色 LED 灯适用于贯叶草植物的生长、开花及植物工厂中次生代谢物的积累	塔比阿特莫达勒斯大学（伊朗）
30	工厂红蓝 LED 灯下马铃薯块茎的生长和产量	Potato Tuber Growth and Yield Under Red and Blue LEDs in Plant Factories	2022/1	红光增加马铃薯块茎的生物量积累，而蓝光迅速促进块茎膨大	南京农业大学（中国）
31	外部绿光作为一种新的工具来改变卷心菜内叶的颜色和营养成分	External green light as a new tool to change colors and nutritional components of inner leaves of head cabbages	2022/1	绿光作为一种新工具，可用于控制卷心菜内叶的颜色和营养成分。该发现将有助于植物工厂生产满足消费者所需的蔬菜	日本植物工厂协会、千叶大学（日本）

②对 LED 光源光强的研究也较多，共有 16 篇高被引论文。其主要研究内容为不同光照强度、日照积分、夜间补充照明等改变总光照量对作物生长发育、光合作用、营养成分等的影响。每种作物都有一个合适的光照强度，当光照达到此强度，光合作用效率最高，生长速度最快，当光照不足时，则生长速度减慢，作物品质下降；如果光照太强，超过光饱和点，光合作用和生长速度则不会再加快。光合光子通量密度（PPFD）是研究人员最常用的光强度指标，每天日照积分（DLI）表征在特定时间单位内的光照强度，也是重要的研究指标。表 3-6 列出了 LED 光源光强相关高被引论文。

表 3-6　LED 光源光强相关高被引论文

序号	中文标题	英文标题	发表年/被引频次	主要研究内容	作者机构（所属国）
1	在封闭式植物工厂系统中光照强度和光周期影响水培生菜的生长发育	Light intensity and photoperiod influence the growth and development of hydroponically grown leaf lettuce in a closed-type plant factory system	2013/81	较高的光照强度（290 微摩尔/米²）和较短的光周期 [6/2（光/暗）] 可导致生菜的良好生长和发育，而在 230 或 260 微摩尔/米²）的稍低光照强度、较长的光周期 18/6 和 9/3（光/暗）下，可导致生菜良好的生长和较高的光合能力	庆尚国立大学（韩国）
2	光照强度和生长速率对奶油生菜茎尖发育和叶片钙含量的影响	Effects of Light Intensity and Growth Rate on Tipburn Development and Leaf Calcium Concentration in Butterhead Lettuce	2016/30	生长与叶烧现象发生之间存在关联。整株植物和外层叶片的钙浓度随着光照强度的增加而增加，而内层叶片中的钙浓度不随光照强度增加。在蒸腾作用的驱动下，钙更多地流向外层叶片。因此，快速生长引起的内部叶片缺钙可能会导致频繁的叶烧现象	山口大学（日本）
3	光照强度和氮浓度对生菜生长、光合特性和品质的交互作用	Interaction effects of light intensity and nitrogen concentration on growth, photosynthetic characteristics and quality of lettuce (Lactuca sativa L. Var. youmaicai)	2017/82	高光照和低氮有助于生物量、叶片中维生素 C 的积累和硝酸盐的减少。该工作为研究光照强度和氮素供应的联合调节，改善温室和工厂蔬菜的生长和营养质量提供了有价值的结论	北京航空航天大学（中国）
4	紫苏中次生代谢物的生长和积累受营养液光合作用光通量密度和电导率的影响	Growth and Accumulation of Secondary Metabolites in Perilla as Affected by Photosynthetic Photon Flux Density and Electrical Conductivity of the Nutrient Solution	2017/47	对于绿紫苏，嫩枝和叶面积的鲜重和干重受电导率（EC）影响更大，而在红紫苏中受光合光子通量密度（PPFD）的影响更大。绿紫苏中紫苏醛浓度在最高（PPFD）与最高 EC 条件和最低 PPFD 与最低 EC 条件下存在显著差异。迷迭香酸浓度（毫克/克）在低 EC 和高 PPFD 条件下增加	千叶大学、东京大学（日本）

(续)

序号	中文标题	英文标题	发表年/被引频次	主要研究内容	作者机构（所属国）
5	环境光照对水培生菜生长、光合作用和品质的影响	Effects of environment lighting on the growth, photosynthesis, and quality of hydroponic lettuce in a plant factory	2018/56	在红蓝比为2.2的LED下，光合光子通量密度（PPFD）为250微摩尔/（米²·秒）、光周期为16小时/天的条件是合适的光照环境，可在室内受控环境下实现生菜的最大生长和高质量生产	中国农业大学（中国）
6	甜罗勒对不同日照积分的光合作用、形态、产量和营养品质的响应	Responses of Sweet Basil to Different Daily Light Integrals in Photosynthesis, Morphology, Yield, and Nutritional Quality	2018/49	白色荧光灯照射条件下，每天日照积分较高的情况下，甜罗勒具有更高的净光合作用、蒸腾作用和气孔导度，单位叶鲜重的叶绿素a和b浓度较低而叶绿素a与b比值较高，甜罗勒叶片更大更厚，芽的鲜重更高，导致更高的可溶性糖百分比和干物质百分比，更高的总花青素、酚类和黄酮类化合物的含量，以及更高的抗氧化能力	德克萨斯农工大学（美国）
7	窄带LED在不同光质和光强条件下生长的生菜代谢重编程	Metabolic Reprogramming in Leaf Lettuce Grown Under Different Light Quality and Intensity Conditions Using Narrow-Band LEDs	2018/36	利用了基于多组学的方法来评估在窄带LED照明下生长的生菜幼苗的代谢和转录重编程。绿光传输的能量有效地在生物量生产和植物防御所涉及的次生代谢物生产之间建立平衡	电力工业中央研究院、日本理化学研究所、筑波大学（日本）
8	热带城市垂直农业光照充足性评估	Assessment of light adequacy for vertical farming in a tropical city	2018/21	证实了热带地区的高层和高密度条件有可能利用住宅建筑的未充分利用的垂直空间来支持农业	新加坡国立大学（新加坡）、苏黎世联邦理工学院（瑞士）

（续）

序号	中文标题	英文标题	发表年/被引频次	主要研究内容	作者机构（所属国）
9	改进的物联网（IoT）监测系统用于白菜生长优化	Improved Internet of Things（IoT）monitoring system for growth optimization of Brassica chinensis	2019/18	提出了利用物联网技术作为远程监控系统的新方法，通过调节光谱、光周期和光照强度等 LED 参数来控制室内气候条件，以提高产量并减少周转时间。该系统运行稳定	马来西亚理工大学（马来西亚）
10	远红光辐射与蓝光和红光光子通量密度相互作用，以调节生菜和罗勒幼苗的生长、形态和色素沉着	Far-red radiation interacts with relative and absolute blue and red photon flux densities to regulate growth, morphology, and pigmentation of lettuce and basil seedlings	2019/34	远红光富集改善了光合辐射捕集，从而促进了单源光照下的作物生长，并且其效果在高蓝红比和低 PPFD 下尤其明显	密歇根州立大学（美国）
11	白光与白光加红光 LED 日照积分对水培生菜生长、营养品质和能量利用效率的影响	Growth, Nutritional Quality, and Energy Use Efficiency of Hydroponic Lettuce as Influenced by Daily Light Integrals Exposed to White versus White Plus Red Light-emitting Diodes	2019/22	叶重、根重及能效随着每天日照积分（DLI）的增加而线性增加，而光能和电能利用效率（LUE 和 EUE）随 DLI 的增加而线性下降。在 12.60 摩尔/（米²·天）的 DLI 下，红蓝比为 2.7 的白色加红色 LED 被推荐用于植物工厂水培生菜的生产	中国农业大学（中国）
12	受控环境垂直农场的小麦产量潜力	Wheat yield potential in controlled-environment vertical farms	2020/23	在 10 层室内垂直设施中种植小麦取得高产。通过优化温度、高强度人工照明、高二氧化碳水平，可达到的最大收获指数，产量将是目前世界小麦产量 3.2 吨/公顷的 220～600 倍	普林斯顿大学（美国）

（续）

序号	中文标题	英文标题	发表年/被引频次	主要研究内容	作者机构（所属国）
13	红色和蓝色LED灯下室内生菜和罗勒栽培可持续用水和能源的最佳光照强度	Optimal light intensity for sustainable water and energy use in indoor cultivation of lettuce and basil under red and blue LEDs	2020/27	在红光和蓝光LED照明及其他常见条件下，250微摩尔/（米²·秒）的光合光子通量密度（PPFD）更适合优化生菜和罗勒的产量和资源利用效率	博洛尼亚大学（意大利）
14	光照强度和营养液浓度交互作用对生菜营养品质、矿物质和抗氧化剂含量的影响	Nutritional quality, mineral and antioxidant content in lettuce affected by interaction of light intensity and nutrient solution concentration	2020/15	350微摩尔/（米²·秒）的光合光子通量密度（PPFD）和1/4营养液浓度的相互作用可能是植物工厂生菜生长的最佳条件	华南农业大学（中国）
15	采收前不久应用高光强度可提高生菜营养质量并延长保质期	High Light Intensity Applied Shortly Before Harvest Improves Lettuce Nutritional Quality and Extends the Shelf Life	2021/7	收获前应用高强度照射增加了收获时的干物质百分比、抗坏血酸（AsA）和碳水化合物的含量，并且这些增加的水平在保质期内保持不变，延长了保质期	瓦格宁根大学（荷兰）
16	植物工厂正在升温：寻找生菜生产中光照强度、空气温度和根区温度的最佳组合	Plant Factories Are Heating Up: Hunting for the Best Combination of Light Intensity, Air Temperature and Root-Zone Temperature in Lettuce Production	2021/6	分析了光合光子通量密度（PPFD）、气温、生菜根区温度与非限制性水、养分和二氧化碳浓度之间的相互作用，来寻找生菜生产中光照强度、气温和根区温度的最佳组合	瓦格宁根大学（荷兰）

③在光环境监测与调控方面还有LED光周期调节的研究，包括对光照时长的研究、不同光强或光质照射时间分配方案的研究等。表3-7列出了LED光周期相关高被引论文。

表3-7 LED光周期调节相关高被引论文

序号	中文标题	英文标题	发表年/被引频次	主要研究内容	作者机构（所属国）
1	在封闭式植物工厂系统中，光照强度和光周期影响水培生菜的生长发育	Light intensity and photoperiod influence the growth and development of hydroponically grown leaf lettuce in a closed-type plant factory system	2013/81	较高的光照强度［290微摩尔/（米^2·秒）］和较短的光周期［6/2（光/暗）］可导致生菜的良好生长和发育，而在230或260微摩尔/（米^2·秒）的稍低光照强度、较长的光周期18/6和9/3（光/暗）下，可导致生菜良好的生长和较高的光合能力	庆尚国立大学（韩国）
2	环境光照对水培生菜生长、光合作用和品质的影响	Effects of environment lighting on the growth, photosynthesis, and quality of hydroponic lettuce in a plant factory	2018/56	在红蓝比为2.2的LED下，光合光子通量密度（PPFD）为250微摩尔/（米^2·秒）、光周期为16小时/天的条件是合适的光照环境，可在室内受控环境下实现生菜的最大生长和高质量生产	中国农业大学（中国）
3	红蓝LED交替照射对生菜生长及营养特性的影响	Growth and nutritional properties of lettuce affected by different alternating intervals of red and blue LED irradiation	2017/49	在能耗相同的情况下，与同时照射红蓝光相比，交替照射红蓝光R/B（交替间隔8小时）和R/B（1小时）的产量更高，而R/B（4小时）和R/B（2小时）的营养成分更高。可以通过采用不同的红蓝光交替间隔来有目的地调整生菜的生长和品质	北京市农林科学院（中国）
4	改进的物联网（IoT）监测系统用于白菜生长优化	Improved Internet of Things（IoT）monitoring system for growth optimization of Brassica chinensis	2019/18	提出了利用物联网技术作为远程监控系统的新方法，通过调节光谱、光周期和光照强度等LED参数来控制室内气候条件，以提高产量并减少周转时间	马来西亚理工大学（马来西亚）

从上述这批人工光环境监测与调控论文的研究内容可见，研究主要是通过关注生物量、植株不同部位或可食部位的干重/湿重、株高、叶面积、生长形态等指标反映生长发育情况和光合作用水平，通过对作物化学成分积累的分析，如维生素C、叶绿素水平、黄酮类水平、胡萝卜素、抗氧化剂、可溶性蛋白和糖类等，分析作物的抗氧化能力、光合作用水平等，以及分析能源和资源利用效率等的研究。同时，为了达到某种需要的作物形态、产量、健康水平、特定营养物质的含量等目标，而调节光源特征、光照设计和方案来改变作物的生长发育，以取得需要的高产、抗病或特殊植物营养素收获。

这些对LED光质、光强和光周期的研究，逐渐从单一光特征的效果和调节研究，转向多种光特征的综合调节。如中国农业大学贺冬仙团队在2018年发表的一项被引频次为56次的工作研究了植物工厂光照，包括光强、光周期和光质的不同组合对水培生菜生长、光合作用、品质和能源利用效率的影响，以设计最大生长和高质量生菜生产的最佳人工光照环境。

总的来看，LED光源允许调节其波长与植物光感受器匹配，以便使作物具有最佳的产量并影响作物的形态和新陈代谢，在减少电力消耗的同时生产高质量的作物产品。目前，大多数LED光组合，如单色、双色、多色光，从UV到FR，已在许多作物种植中被广泛研究，作物的不同解剖学、形态学、生理学、光合作用、发育和代谢参数已被证明可由LED照明来调节。不同作物对不同的光谱有着不同的敏感性，同一作物在不同的生长期也对不同的光谱有着不同的敏感性。未来探索更高效的新型光源、创建最佳的照明系统，是植物工厂发展的一个重要方向。

2）植物工厂小气候监测与调控研究。封闭式植物工厂内部小气候环境的研究也是一项重要研究内容，包括通风情况、风速、空气循环系统的研究，温度、湿度和二氧化碳浓度水平的监测和调控研究，以期既实现环境控制与气候设计，又实现节能的综合目标。

①调控的方法重视利用小气候模型模拟风速、温度、湿度和能源消耗等，以指导室内环境的设计实现最佳化。如美国康奈尔大学研究团队在2022年的一篇论文提出一种数据驱动的鲁棒模型预测控制（DDRMPC）框架，利用机器学习方法从历史数据构建数据集，将温室温度、湿度和二氧化碳浓度水平的动态控制模型与数据驱动的稳健优化模型相结合，用于温室室内气候的自动控制等。相关论文列表如表3-8所示。

表3-8　气候监测与调控相关高被引论文

序号	中文标题	英文标题	发表年/被引频次	主要研究内容	作者机构（所属国）
1	植物工厂，作物蒸腾与能量平衡	Plant factories；crop transpiration and energy balance	2017/35	提出并验证了一种作物蒸腾模型，该模型能够确定显热和潜热交换之间的关系，以及在封闭系统中生产生菜的相应蒸汽通量	代尔夫特理工大学（荷兰）
2	机械通风温室的能源性能和气候控制：基于动态模型的评估和调查	Energy performance and climate control in mechanically ventilated greenhouses：A dynamic modelling-based assessment and investigation	2021/6	提出了一种新的建模方法，用于估算机械通风温室气候控制的能耗。所提出的能源模型的新颖之处在于其模拟温室动态的综合方法，考虑了建筑物的动态热和湿行为及栽培作物对太阳辐射变化的动态响应	都灵理工大学（意大利）
3	基于机器学习和数据驱动鲁棒模型预测控制的不确定性半封闭温室气候控制	Semiclosed Greenhouse Climate Control Under Uncertainty via Machine Learning and Data-Driven Robust Model Predictive Control	2022/1	提出了一种新的数据驱动的鲁棒模型预测控制（DDRMPC）框架，用于温室室内气候的自动控制。该框架将温室温度、湿度和二氧化碳浓度水平的动态控制模型与数据驱动的稳健优化模型相结合	康奈尔大学（美国）
4	提高室内植物工厂系统气流均匀性的CFD研究	A CFD study on improving air flow uniformity in indoor plant factory system	2016/31	模拟了植物工厂单层种植架生产系统的生长环境，开发并验证了三维计算流体动力学模型。利用该模型设计并提出了一种改进的空气循环系统，以帮助提供动态且均匀的边界层，有助于防止生菜生产中的叶尖烧伤	亚利桑那大学（美国）

②还有研究关注植物工厂的供热和能源应用，如开发光伏设备和光伏系统，提高光伏电池板转换效率，为植物工厂提供能源。相关高被引论文如表3-9所示。

表3-9　供热和能源应用相关高被引论文

序号	中文标题	英文标题	发表年/被引频次	主要研究内容	作者机构（所属国）
1	基于混合最大功率点跟踪（MPPT）的新型光伏系统在封闭工厂中的应用	On application of a new hybrid maximum power point tracking (MPPT) based photovoltaic system to the closed plant factory	2014/37	开发了一种新的混合最大功率点跟踪（MPPT）方法，还开发了一种基于混合MPPT方法的控制方案，并在PVPC系统的光伏逆变器中实施，以实现对光伏系统最大功率输出的实时跟踪	台湾大学（中国）
2	农业用模块技术：垂直双面农场与倾斜单面农场	Module Technology for Agrivoltaics: Vertical Bifacial Versus Tilted Monofacial Farms	2021/7	创新性地将太阳能光伏（PV）发电与农业生产相结合，以实现粮食-能源-水协同和景观生态保护。垂直双面农场具有最小的土地覆盖、对农业机械和降雨的阻碍最小、更易清洁、更具成本优势	拉合尔大学（巴基斯坦）
3	通过将喷雾冷却系统与浅层地热能换热器集成，提高光伏板的效率	Enhanced efficiency of photovoltaic panels by integrating a spray cooling system with shallow geothermal energy heat exchanger	2019/23	研究了浅层地热能冷却系统，以缓解光伏板转换效率下降的问题，并建立了预测系统性能的数学模型	台湾大学（中国）

③此外，还有两项研究关注环境温湿度、空气中二氧化碳的浓度对作物生长的影响，见表3-10。

表3-10　环境温湿度、二氧化碳相关高被引论文

序号	中文标题	英文标题	发表年/被引频次	主要研究内容	作者机构（所属国）
1	植物工厂正在升温：寻找生菜生产中光照强度、空气温度和根区温度的最佳组合	Plant Factories Are Heating Up: Hunting for the Best Combination of Light Intensity, Air Temperature and Root-Zone Temperature in Lettuce Production	2021/6	分析了光合光子通量密度（PPFD）、气温、生菜根区温度与非限制性水、养分和二氧化碳浓度之间的相互作用，来寻找生菜生产中光照强度、气温和根区温度的最佳组合	瓦格宁根大学（荷兰）

（续）

序号	中文标题	英文标题	发表年/ 被引频次	主要研究内容	作者机构 （所属国）
2	模拟植物工厂的人工生长条件下，光质、二氧化碳和营养素对结球生菜代谢产物组成的协同效应	Synergistic effects of light quality, carbon dioxide and nutrients on metabolite compositions of head lettuce under artificial growth conditions mimicking a plant factory	2017/31	采用 CE - MS 技术的研究结果表明，高二氧化碳（1000 毫克/千克）和养分供应提高了生物量和一些氨基酸的含量。同时采用单色 LED、高二氧化碳和营养配方可改善氨基酸的积累，并可减少了作物中的无机氮含量	埼玉大学（日本）

目前，植物工厂环境及能源系统领域的研究往往关注多种环境因素的综合效果和设计，研究多个环境参数的调控而不是单一环境因素，如研究采用特定光谱和光照方案、适宜的微气候环境构建、提供特定浓度和配比的营养液等的综合方案，以实现最好的作物生产效果。

2. 应用场景

在高被引论文中，植物工厂应用场景的研究共有 52 篇，以叶菜栽培应用为主，有一部分为果实类蔬菜，药用植物和高经济价值作物较少。

在叶菜栽培应用的研究中，关于莴苣种植的研究最多，包括叶用莴苣（生菜），共有 35 篇论文，主要为不同光照及种植条件下，莴苣的生长发育、产量和营养等研究。适合植物工厂种植的作物一般会具有某些特征，如紧凑性（高约 30 厘米或更矮，可适应多层种植系统），快速生长（系统中的栽培时间为 10 ~ 30 天），可通过环境控制操纵其种植，并具有较高的经济价值。因而叶用莴苣成为植物工厂研究和应用最多的作物品种。其他叶菜还包括白菜、油菜、芥菜、羽衣甘蓝、水菜和卷心菜等。

果实类蔬菜主要是番茄和草莓。其中番茄相关论文有 5 篇，草莓有 1 篇。在高经济价值作物中，香草作物罗勒广受关注，有 5 篇相关论文。罗勒因其独特的芳香风味和较高浓度的酚类物质，近年来在全球范围内的消费量不断增加。此外，还有连翘、紫苏、烟草等药用植物的论文。美国波士顿大学的研究团队在 2012 年发表的一项研究利用植物工厂培育烟草，并利用植物病毒载体技术在烟草叶片中生产特定的蛋白质用于快速大量地制备疫苗和其他治疗性生物制剂。其他应用的作物还有小麦、马铃薯、百日草等。

全球对药用植物的需求正在增加。然而，户外种植的质量很难控制，各种环境因素都可能影响作物生长并直接影响生物合成途径，从而影响生物活性化合物的次生代谢。植物工厂使用人工照明、控制环境并减少土传病害，可提高药用植物的质量并稳定生产，在药用植物和高价值作物生产上有很大应用前景。当前，许多具有重要商业和营养价值的作物品种尚未经过充分的研究测试，需要不断开拓植物工厂适用的生产类型，使更多的有潜力的作物品种能在植物工厂中尝试栽培。

3. 智慧管理系统

植物工厂涉及智慧管理系统的高被引论文有15篇，研究主题主要是利用环境与气候模拟模型、作物生长模型模拟植物工厂室内环境和作物的生长，目的是用量化手段指导室内环境设计，提高作物生长的适宜性，并优化能源和资源利用。新兴的技术主要是利用机器人或自动化设施采集数据，利用图像视觉处理技术和算法进行图形识别，图像、数据的远程传输依靠无线传感器与物联网获取、传输，同时可利用物联网实现远程、自动化监测与操控。

如德国莱布尼兹农业工程与生物经济研究所在2020年发表的一项研究开发了舒适率模型，利用无线传感器与物联网采集环境和气候数据并融合数据，模拟不同作物各生长阶段的舒适比值，帮助种植者更好地了解作物生长环境，以制定更有效的温室作物生产最佳控制策略。再如马来西亚理工大学的研究团队在2019年发表的论文介绍了利用物联网技术远程监控并调节光谱、光周期和光照强度来控制室内气候条件，以提高产量并减少生长周期。美国普渡大学的研究团队在2020年发表的论文介绍了所开发的基于智能手机的图像分析技术，图像利用移动应用程序远程传输到本地计算机进行处理，该技术可实时和非侵入性地测量作物生长特性，提高生产力、减少资源浪费，并及时收获作物。相关高被引论文见表3-11。

表3-11　智慧管理系统相关高被引论文

序号	中文标题	英文标题	发表年/被引频次	主要研究内容	作者机构（所属国）
1	改进的物联网（IoT）监测系统用于白菜生长优化	Improved Internet of Things (IoT) monitoring system for growth optimization of Brassica chinensis	2019/18	提出了一种利用物联网技术作为远程监控系统的新方法，通过调节光谱、光周期和光照强度等LED参数来控制室内气候条件，以提高产量并减少周转时间	马来西亚理工大学（马来西亚）

（续）

序号	中文标题	英文标题	发表年/被引频次	主要研究内容	作者机构（所属国）
2	基于物联网传感器数据融合的温室小气候模型评估	Model-based evaluation of greenhouse microclimate using IoT-Sensor data fusion for energy efficient crop production	2020/13	开发了舒适率模型，利用定制的无线传感器与物联网数据融合，并在实际种植番茄之前评估和比较两个不同温室内的小气候参数	莱布尼茨农业工程与生物经济研究所（德国）
3	开发基于仿真的决策支持工作流，用于在城市环境中实施综合农业建设	Development of a simulation-based decision support workflow for the implementation of Building-Integrated Agriculture（BIA）in urban contexts	2017/37	介绍了用于城市环境中建筑综合农业（BIA）的基于模拟的环境分析工作流程，包括太阳辐射、水和能源模型，目标是指导用户在给定社区实施 BIA 的潜力做出决策，同时最大限度地提高作物产量并减少水和能源消耗	里斯本高等理工学院（葡萄牙）、麻省理工学院（美国）
4	热带城市新加坡城市农业高科技和传统农业系统的蔬菜生产、资源利用效率和环境绩效比较	Comparison of vegetable production, resource-use efficiency and environmental performance of high-technology and conventional farming systems for urban agriculture in the tropical city of Singapore	2022/1	比较了新加坡热带城市农业的高科技和传统农业系统的蔬菜生产、资源利用效率和环境绩效。构建了一个系统动力学（SD）模型来绘制叶类蔬菜生产的潜在数量，以及每个农业系统的水和能源使用情况	新加坡国立大学（新加坡）
5	工厂，作物蒸腾与能量平衡	Plant factories; crop transpiration and energy balance	2017/35	提出并验证了一种作物蒸腾模型，该模型能够确定显热和潜热交换之间的关系，以及在封闭系统中生产生菜的相应蒸汽通量	代夫特理工大学（荷兰）
6	机械通风温室的能源性能和气候控制：基于动态模型的评估和调查	Energy performance and climate control in mechanically ventilated greenhouses: A dynamic modelling-based assessment and investigation	2021/6	提出了一种新的建模方法，用于估算机械通风温室气候控制的能耗。所提出的能源模型的新颖之处在于其模拟温室动态的综合方法，考虑了建筑物的动态热和湿行为，以及栽培作物对太阳辐射变化的动态响应	都灵理工大学（意大利）

（续）

序号	中文标题	英文标题	发表年/被引频次	主要研究内容	作者机构（所属国）
7	基于机器学习和数据驱动鲁棒模型预测控制的不确定性半封闭温室气候控制	Semiclosed Greenhouse Climate Control Under Uncertainty via Machine Learning and Data-Driven Robust Model Predictive Control	2022/1	提出了一种新的数据驱动的鲁棒模型预测控制（DDRMPC）框架，用于温室室内气候的自动控制。该框架将温室温度、湿度和二氧化碳浓度水平的动态控制模型与数据驱动的稳健优化模型相结合	康奈尔大学（美国）
8	植物工厂与温室：资源利用效率的比较	Plant factories versus greenhouses：Comparison of resource use efficiency	2018/101	比较了3个不同的气候区和纬度的植物工厂与传统温室中生菜种植的资源利用情况和经济可行性。研究应用了气候模型耦合了生菜生长与小气候关联的模型	代尔夫特理工大学（荷兰）
9	利用逆系统模型策略分析和优化光照和营养液对小麦生长发育的影响	Analysis and optimization of the effect of light and nutrient solution on wheat growth and development using an inverse system model strategy	2014/24	建立了小麦生长过程状态空间模型（WGP），进而构建了WGP的逆系统模型，据此推导出理论上优化的种植方案，包括光照强度和矿物离子浓度	北京航空航天大学（中国）
10	在受控环境农业中使用基于智能手机的图像分析技术测量植物生长特性	Measuring plant growth characteristics using smartphone based image analysis technique in controlled environment agriculture	2020/15	开发和验证了受控环境农业中基于智能手机的图像分析技术，用于实时和非侵入性地测量植物生长特性，并跟踪植物随时间的生长差异	普渡大学（美国）
11	叶菜生长自动测量系统	An automated growth measurement system for leafy vegetables	2014/22	开发了适用于植物工厂的叶类蔬菜的自动生长测量系统。采用的立体视觉系统被安装在滑轨上，使用两个具有平行光轴的相机，集成了自主开发的图像处理算法	台湾大学（中国）

（续）

序号	中文标题	英文标题	发表年/ 被引频次	主要研究内容	作者机构 （所属国）
12	月球宫1号、植物工厂、温室和农田系统中小麦生长、形态特征、生物量产量和质量的评估	Evaluation of wheat growth, morphological characteristics, biomass yield and quality in Lunar Palace-1, plant factory, green house and field systems	2015/30	调查了不同环境条件（生物再生生命保障系统 BLSS、植物工厂、温室和田间）对小麦生长、千粒重、收获指数、生物量产量和质量的影响。结果表明，BLSS 和植物工厂单位面积产量没有显著差异，但温室和田间的单产均较低	北京航空航天大学（中国）
13	美国草莓产业的现状与未来	The Status and Future of the Strawberry Industry in the United States	2019/38	综述了美国 8 个不同地理区域和 1 个植物工厂的草莓种植，讨论了每个地区的当前生产系统、市场、品种、趋势和未来方向	弗吉尼亚理工大学（美国）
14	植物疫苗和药物的自动化生产	Automated Production of Plant-Based Vaccines and Pharmaceuticals	2012/31	开发了一个完全自动化的"工厂"，利用烟草植物，采用植物病毒载体技术在快速生长的叶片中生产特定的蛋白质，可在几周内生产大量疫苗和其他治疗性生物制剂	波士顿大学（美国）
15	美国受控环境水培粮食作物生产的历史、现状和未来展望	Historical, Current, and Future Perspectives for Controlled Environment Hydroponic Food Crop Production in the United States	2020/16	综述了美国受控环境 CE 作物生产的历史趋势、水培行业的现状及未来前景	密歇根州立大学（美国）

4. 工厂化设施

工厂化设施的重点论文主要以项目或案例的形式，介绍植物工厂的结构、建筑、设施设备。设施设备往往是一个综合系统，利用模型模拟操控。例如，利用三维计算流体动力学（CFD）模型设计的可提供均匀热环境的空气循环系统；利用喷雾冷却系统与浅层地热能热交换器集成，根据模型预测光伏板的转换效率并对其进行冷却。部分研究探讨了植物工厂的经济性、能源消耗、可行性及环境和社会潜力等问题，并对植物工厂和传统农业种植模式等其他种植模式进行了比较。

还有部分研究工作聚焦于可提供特定光谱的 LED 灯制造材料，主要是荧光粉/玻璃复合材料（PiG），如可提供高量子效率、出色的热稳定性、具有双广谱的双发光 PiG，以及利用多种金属元素制造的 BSMS PiG 大功率蓝红光 LED。相关高被引论文见表 3 – 12。

表 3–12　工厂化设施相关高被引论文

序号	中文标题	英文标题	发表年/被引频次	主要研究内容	作者机构（所属国）
1	开发基于仿真的决策支持工作流，用于在城市环境中实施综合农业建设	Development of a simulation-based decision support workflow for the implementation of Building-Integrated Agriculture（BIA）in urban contexts	2017/37	介绍了用于城市环境中建筑综合农业的基于模拟的环境分析工作流程，包括详细的太阳辐射、水和能源模型，目标是指导用户就在给定社区实施 BIA 的潜力做出决策，同时最大限度地提高作物产量并减少水和能源消耗	里斯本高等理工学院（葡萄牙）、麻省理工学院（美国）
2	提高室内植物工厂系统气流均匀性的 CFD 研究	A CFD study on improving air flow uniformity in indoor plant factory system	2016/31	模拟了植物工厂单层种植架生产系统的生长环境，开发并验证了三维计算流体动力学模型。利用该模型设计并提出了一种改进的空气循环系统，以帮助提供动态且均匀的边界层，有助于防止生菜生产中的叶尖烧伤	亚利桑那大学（美国）
3	通过将喷雾冷却系统与浅层地热能换热器集成，提高光伏板的效率	Enhanced efficiency of photovoltaic panels by integrating a spray cooling system with shallow geothermal energy heat exchanger	2019/23	研究了浅层地热能冷却系统，以缓解光伏板转换效率下降的问题，并建立了预测系统性能的数学模型。该系统通过将喷雾冷却系统与浅层地热能热交换器集成	台湾大学（中国）

（续）

序号	中文标题	英文标题	发表年/ 被引频次	主要研究内容	作者机构 （所属国）
4	可持续植物工厂：具有人工照明的封闭式植物生产系统，可实现高资源利用效率和高质量生产	Sustainable Plant Factory: Closed Plant Production Systems with Artificial Light for High Resource Use Efficiencies and Quality Produce	2013/32	提出了一种"封闭系统"，覆盖着隔热不透明的墙壁，具有通风最少的结构，包含带有人造光源的多层机架。该系统相对于温室的优势为：培养周期缩短 40%～50%，生长均匀，产品质量高，单产提高 100 倍，资源消耗大幅减少	千叶大学（日本）
5	用于植物工厂高功率 LED 光源的红光荧光粉/玻璃复合材料（PiG）	Ultrastable red-emitting phosphor-in-glass for superior high-power artificial plant growth LEDs	2018/69	制备了由玻璃基质中的 3.5MgO 中心点 0.5MgF$_2$ 中心点 GeO$_2$: Mn^{4+}（MMG: Mn^{4+}）磷光体组成的荧光粉/玻璃复合材料，具有 1.671 瓦/（米·开）的热导率和 27.5% 的外部量子效率	华南农业大学（中国）
6	高效双宽发光转换器：下一代植物生长 LED 的选择	Highly efficient and dual broad emitting light convertor: an option for next-generation plant growth LEDs	2019/25	报道了一种利用双发光荧光粉/玻璃复合材料板（Dual-PiGP）制备的高功率双宽带发射器。Dual-PiGP 具有几个优点，包括 93.90% 的高量子效率、出色的热稳定性，以及在半宽处具有双广谱	华南农业大学（中国）
7	用于大功率园艺 LED 的具有热稳定的全无机蓝红光转换器	Glass-ceramics with thermally stable blue-red emission for high-power horticultural LED applications	2020/12	制备了一种 BSMS 荧光粉/玻璃复合材料（PiG）组成的全无机蓝红光转换器，以提高大功率 LED 的寿命。应用于生菜种植，生物量比商业 LED 灯高 58.21%，总叶绿素、β-胡萝卜素和可溶性蛋白的含量均有所提高	华南农业大学、岭南现代农业科学与技术广东省实验室（中国）

（续）

序号	中文标题	英文标题	发表年/被引频次	主要研究内容	作者机构（所属国）
8	未来屋顶：屋顶温室，改善建筑物新陈代谢	Roofs of the future: rooftop greenhouses to improve buildings metabolism	2015/28	介绍了建筑物屋顶温室项目 Fertilecity 的首个结果，从技术和可持续性方法分析地中海城市地区的新农业生产系统。这个创新系统是一个集成的 RIG，包括建筑物新陈代谢中的能量、水和二氧化碳流	加泰罗尼亚理工大学（西班牙）

5. 生产作业装备

　　植物工厂生产作业装备的高被引论文主要聚焦于营养液和水肥的控制与施用等。适合的营养配方可有效改善水培作物的生长发育和代谢物含量，是这一领域的主要研究主题。其中，水培营养液中营养素离子的浓度、pH 和电导率（EC）的研究较多。代表性的相关高被引论文见表 3-13。

表 3-13　生产作业装备相关高被引论文

序号	中文标题	英文标题	发表年/被引频次	主要研究内容	作者机构（所属国）
1	用于精确水培养分管理的现场离子监测系统	On-site ion monitoring system for precision hydroponic nutrient management	2018/28	开发了基于离子选择电极（ISE）的水培溶液中营养素离子的原位监测系统，该系统可以自动校准传感器并测量水培溶液中单个离子（NO_3^-、K^+ 和 Ca^{2+}）的浓度	首尔国立大学（韩国）
2	光照强度和氮浓度对生菜生长、光合特性和品质的交互作用	Interaction effects of light intensity and nitrogen concentration on growth, photosynthetic characteristics and quality of lettuce (Lactuca sativa L. Var. youmaicai)	2017/82	研究光照强度和营养液中的氮浓度对生菜生长、光合特性和品质的影响。研究发现，高光照和低氮有助于生物量、叶片中维生素 C 的积累和硝酸盐的减少	北京航空航天大学（中国）

（续）

序号	中文标题	英文标题	发表年/ 被引频次	主要研究内容	作者机构 （所属国）
3	紫苏中次生代谢物的生长和积累受营养液光合光子光通量密度和电导率的影响	Growth and Accumulation of Secondary Metabolites in Perilla as Affected by Photosynthetic Photon Flux Density and Electrical Conductivity of the Nutrient Solution	2017/47	从作物生长和药用成分含量等方面探讨植物工厂红、绿紫苏栽培的适宜 PPFD 和 EC。结果表明，PPFD 和 EC 对绿紫苏的鲜重和干重都有显著的交互作用，但对红紫苏没有	千叶大学、东京大学（日本）
4	模拟植物工厂的人工生长条件下，光质、二氧化碳和营养素对结球生菜代谢产物组成的协同效应	Synergistic effects of light quality, carbon dioxide and nutrients on metabolite compositions of head lettuce under artificial growth conditions mimicking a plant factory	2017/31	采用 CE – MS 技术研究了植物工厂中高二氧化碳、营养配方和 LED 光质对结球生菜中初级代谢物积累的影响	埼玉大学（日本）
5	光照强度和营养液浓度交互作用对生菜营养品质、矿物质和抗氧化剂含量的影响	Nutritional quality, mineral and antioxidant content in lettuce affected by interaction of light intensity and nutrient solution concentration	2020/15	研究了不同光照强度和营养液浓度的交互作用对生菜营养品质、矿物质和抗氧化剂含量的影响。研究发现，350 微摩尔/（米^2·秒）的光合光子通量密度和 1/4 营养液浓度的相互作用可能是植物工厂生菜生长的最佳条件	华南农业大学（中国）
6	利用逆系统模型策略分析和优化光照和营养液对小麦生长发育的影响	Analysis and optimization of the effect of light and nutrient solution on wheat growth and development using an inverse system model strategy	2014/24	研究了不同光谱组合和离子浓度（NH_4^+、K^+、Mg^{2+}、Ca^{2+}、NO_3^-、$H_2PO_4^-$、SO_4^{2-}）对小麦生长、光合速率、蒸腾速率、抗氧化能力和生物量的影响	北京航空航天大学（中国）
7	植物疫苗和药物的自动化生产	Automated Production of Plant-Based Vaccines and Pharmaceuticals	2012/31	开发了一个完全自动化的"工厂"，利用烟草植物，采用植物病毒载体技术在快速生长的植物生物质的叶片中生产特定的蛋白质，可在几周内生产大量疫苗和其他治疗性生物制剂	波士顿大学（美国）

6. 栽培系统

目前植物工厂的栽培系统以水培法为主流。本研究的高被引论文集中有两种栽培系统值得关注。一个是美国 NASA 开发的在国际空间站上部署的 Veggie 蔬菜生产系统，该系统在微重力环境下，试验了太空植物栽培的各种参数。另一个是北京航空航天大学比较了小麦在生物再生生命保障系统 BLSS、植物工厂和传统栽培系统中种植的产量、营养成分的差异。未来，随着人类活动空间的扩展和探索，可用于空间站和地外环境等特殊环境的栽培系统将越来越多地引起研究人员的关注。代表性的相关高被引论文见表 3-14。

表 3-14 栽培系统相关高被引论文

序号	中文标题	英文标题	发表年/被引频次	主要研究内容	作者机构（所属国）
1	VEG-01：国际空间站上的蔬菜硬件验证测试	VEG-01：Veggie Hardware Validation Testing on the International Space Station	2017/37	测试了美国 NASA 国际空间站的 3 套 Veggie 蔬菜生产系统，包括 2 种生菜栽培和 1 种 "Profusion" 百日草。研究收集了大量关于太空植物的系统性能、人为因素、程序、微生物学和化学的数据	美国国家航空航天局（美国）
2	月球宫 1 号、植物工厂、温室和农田系统中小麦生长、形态特征、生物量和质量的评估	Evaluation of wheat growth, morphological characteristics, biomass yield and quality in Lunar Palace-1, plant factory, green house and field systems	2015/30	调查了不同环境条件（生物再生生命保障系统 BLSS、植物工厂、温室和田间）对小麦生长、千粒重、收获指数、生物量产量和质量的影响	北京航空航天大学（中国）
3	与传统水平水培相比，垂直种植提高了单位面积生菜产量	Vertical farming increases lettuce yield per unit area compared to conventional horizontal hydroponics	2016/58	比较了垂直种植与传统水平水培系统中的生菜种植。垂直种植采用半强度的 Hoagland 营养液和金属卤化物灯提供人工照明。与传统栽培相比，垂直种植的单产更高，加入人工照明还可以进一步提高产量	兰卡斯特大学（英国）

3.3.3　研究发展趋势

植物工厂作为一种新兴的农业生产模式，可实现工厂内光照、温度、湿度、二氧化碳浓度等环境因素人为调控，使作物生长不受外界自然条件的影响，被认为是 21 世纪解决人口、资源、环境问题的重要途径。当前，植物工厂的发展以东亚和欧美国家为主，基于植物工厂领域近 11 年的研究重点分析其研发趋势如下。

一是人工光环境调控是实现作物优质高产的主要途径之一。LED 照明可实现作物生理有效辐射单色光质和组合光质的调制，光强、光周期和昼夜节律钟的按需调控，提供强弱光、连续光照、间歇光照、交替光照和脉冲光照等特殊照射模式，在节能、耐用性、光谱可调可控、冷光源、安全环保等方面具有巨大优势。目前，LED 光质、光强、光周期和光照模式对特定作物的光合作用和生理生化影响研究，以及通过调节 LED 光质、光强、光周期和光照模式来改变作物的营养吸收、初级和次级代谢过程，调节糖、维生素、类黄酮等作物营养成分的研究是 LED 光环境和调控研究的热点内容。未来 LED 光环境研究方向将从作物遗传、发育、生理及其与环境互作等学科问题出发，研究 LED 光照对作物生长发育和品质影响的内在机制，为植物工厂光具设计和光环境精准调控提供依据，建立光照精细调控方法，开发更加合适的 LED 光谱技术，提供最优的光配方。

二是植物工厂在叶菜生产种植领域应用最为广泛。随着技术的不断进步和成熟，越来越多的高经济价值、高质量要求的作物在植物工厂中得以应用。如番茄、草莓等果菜，连翘、紫苏、烟草等药用植物或药物原料作物，罗勒、芫荽等香料作物和花卉，甚至小麦等粮食作物也取得了重要进展，植物工厂的应用领域正在不断扩大。未来将挖掘更多作物的生长发育与环境响应深层次规律，研究特定作物种类与品种在植物工厂环境下的适宜性，拓展更多适宜的作物种类，推进植物工厂的生产应用。

三是植物工厂智能化装备和管理目前主要是利用新型物联网、无线传感器、机器视觉和算法等技术实现作物和环境的自动监测和调控，通过环境模拟和作物生长模拟，帮助种植决策，优化资源利用。未来具有前景的主要研究方向为：多传感器数据融合技术对多源数据信息进行采集和综合处理；多种作物的生长模型模拟和验证应用及模型的整合集成；机器人、自主控制等技术在植物工厂的进一步强化。

四是植物工厂设施设备的材料、部件、结构研发不断深化，通风设施、冷却设施、光伏设备等是研发热点，栽培系统以水培法为主，水肥研究和配方日益成熟，新型栽培系统也不断得以引入。未来，在新的环境或场景中的植物工厂及相关设施和成套技术体系将越来越受到关注，如荒漠、戈壁、海岛、水面等的植物工厂，以及航天工程、地外星球探索中用于食物自给的植物工厂系统。

3.4 采收机器人国际研究态势分析

3.4.1 总体研究态势分析

1. 论文产出及时间趋势

采收机器人领域 SCI 论文数量呈上升趋势。采收机器人 2012—2022 年共检索到相关 SCI 论文 767 篇，从年度分布来看（图 3-12），论文数量总体上呈快速上升趋势。2012—2021 年的年平均增长率为 27%。其中，2016 年出现了一个发文小高峰，增长率最高，达到 122%；2019 年发文量超过了 100 篇，2021 年发文量达到 153 篇。

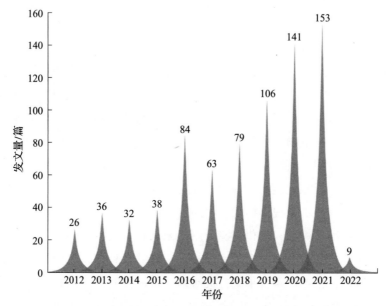

图 3-12 2012—2022 年在采收机器人领域 SCI 论文发文量的年度变化

2.热点研究主题

图 3-13 中展示了清洗后出现频次在 4 次及以上的关键词（字体越大表示出现次数越多），出现频次最高的词有：水果探测、机器视觉、深度学习、计算机视觉、图像处理、控制器、番茄、末端执行器、机器学习、农业自动化、图像分割、苹果。具体出现次数如表 3-15 所示。

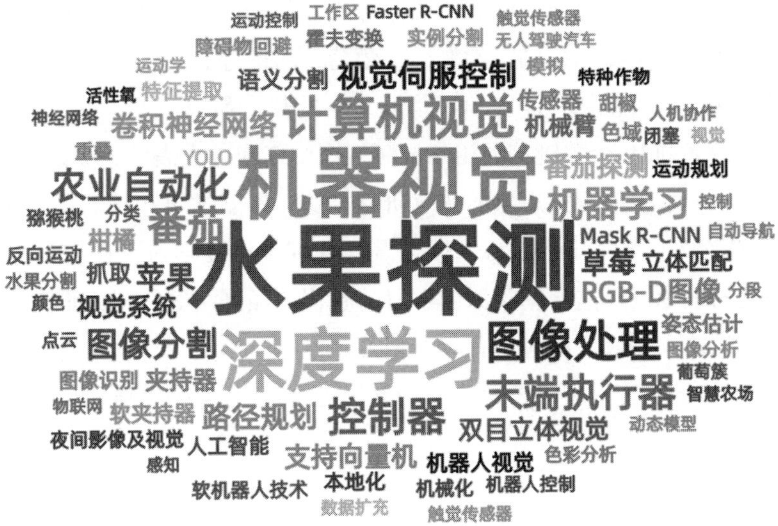

图 3-13　2012—2022 年在采收机器人领域重点关键词词云

表 3-15　2012—2022 年在采收机器人领域出现 10 次及以上的关键词

关键词	数量	关键词	数量
水果探测	73	视觉伺服控制	15
机器视觉	54	路径规划	14
深度学习	46	卷积神经网络	13
计算机视觉	29	草莓	13
图像处理	27	RGB-D 图像	13
控制器	23	番茄探测	12
番茄	23	视觉系统	11
末端执行器	22	双目立体视觉	11
机器学习	20	夹持器	10
农业自动化	20	机械臂	10
图像分割	18	柑橘	10
苹果	15		

图中的高频关键词显示，水果探测、识别和定位是最重要的研究热点，包括利用人工智能、机器视觉、机器学习等的图像处理技术，具体来看包括新型的基于深度学习的卷积神经网络 Faster R-CNN、Mask R-CNN 和 YOLO 等算法，以及知识向量机、霍夫变换等算法；图像分割、语义分割、特征提取等图像分析操作，RGB-D 图像、色域等图像颜色分析。其他研究热点还包括路径规划、运动规划、障碍物回避等运动规划研究，姿态估计、运动控制、视觉伺服控制等机器人操控研究，软夹持器、柔性抓取、触觉传感器等末端执行器研究等。应用的果蔬作物包括番茄、苹果、草莓、柑橘、猕猴桃、葡萄、甜椒等。

水果探测、机器视觉和深度学习是近几年的热点研究主题。图 3-14 展示了出现总次数最多的 10 个关键词的历年词频，图中气泡越大表示该关键词出现的频次越高。其中，水果探测是历年的热点研究主题。深度学习和机器学习在 2012—2016 年未被提及，此后开始成为领域热点。特别是深度学习，在 2020 年成为出现频次最高的主题词。这与基于深度学习的卷积神经网络等的相关研究在 2016 年以后在采收机器人领域广泛应用有较大相关。

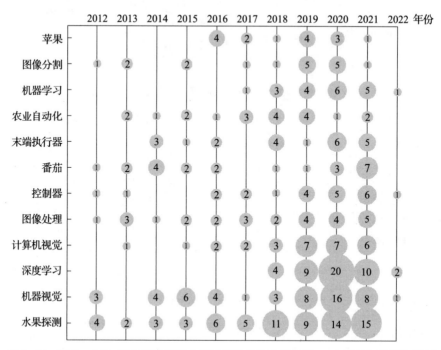

图 3-14　2012—2022 年在采收机器人领域出现总次数最多的 10 个关键词的历年词频

统计近 3 年在采收机器人领域新出现的关键词可以反映近年新技术主题的变化趋势。表 3 – 16 列出了近 3 年新出现的关键词中出现频次为 2 次及以上的关键词。最新的研究主题在图像处理的深度学习方面包括 YOLO、DeepLabV3 + ；在末端控制器方面包括软体抓手、牵引式切割装置、力传感器等，在路径规划方面包括旅行商问题、自主导航、GNSS 定位导航等；在作业运动控制方面包括运动学仿真、动力学仿真、强度受力分析、载荷受力分析等；在结构设计与仿真方面是有限元分析；在采摘农场信息技术方面包括物联网、大数据和区块链等；在应用作物品种方面出现了黄花菜、蘑菇、茄子和天然橡胶等。

表 3 – 16　2020—2022 年在采收机器人领域新出现的关键词

关键词	出现次数	关键词	出现次数
软体抓手	8	牵引式切割装置	2
人工智能	7	深度神经网络	2
YOLO	6	DeepLabV3 +	2
水果分割	5	特种作物采收机械化	2
图像分析	5	力传感器	2
自主导航	4	蘑菇	2
感知	4	离散单元法	2
大数据	3	学习	2
数字农业	3	天然橡胶	2
动力学仿真	3	区块链	2
采收仿真	3	障碍物分离	2
作物	2	茄子	2
物联网	2	训练	2
三维定位	2	机器人运动学	2
切点检测	2	图像	2
旅行商问题	2	视觉追踪	2
数据集	2	估产	2
黄花菜	2	采集模式	2
精度和速度	2	分割算法	2
GNSS 定位导航	2	有限元分析	2

利用 Vosviewer 软件对采收机器人领域的关键词进行主题聚类分析，设置关键词共现阈值为 5，剔除停用词后基于 53 个关键词绘制了采收机器人主题聚类图（图 3 – 15）。

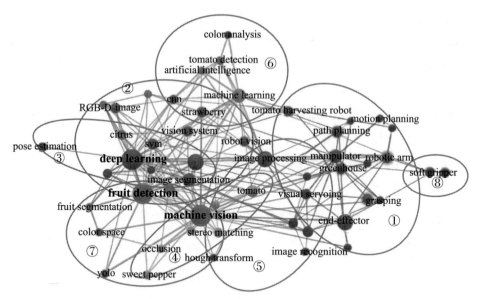

图 3-15　2012—2022 年在采收机器人领域研究主题聚类图

图中圆点的面积大小代表关键词的权重，两个圆点之间连线越粗代表两个研究主题的联系越强。聚类结果显示，采收机器人领域主要形成了 8 个主题聚类。聚类①研究主题主要集中在末端执行器、机械手、机械臂、夹爪的抓取、运动学、运动和路径规划、避障、视觉伺服等，更多与猕猴桃、番茄相关；聚类②研究主题主要集中在采收机器人的机器视觉及方法，包括机器人视觉、实例分割、RGB-D 图像、区域卷积神经网络、支持向量机、视觉系统等，更多与柑橘、草莓相关；聚类③研究主题主要集中在计算机视觉的方法算法方面，如深度学习、特征提取、图像分割、姿态估计、语义分割等；聚类④研究主题主要集中在双目立体视觉、双目匹配、定位和遮挡等立体识别方面，更多与甜椒、番茄相关；聚类⑤研究主题主要集中在图像识别处理算法方面，如霍夫变换、图像处理、图像识别、传感器等，更多与苹果等水果收获相关；聚类⑥研究主题集中在人工智能、卷积神经网络、颜色分析、机器学习等，更多与番茄检测相关；聚类⑦研究主题主要集中在颜色空间、水果检测、水果分割、机器视觉、yolo 算法等；聚类⑧研究主题主要集中在软体机器人和软体抓手技术上。

3. 国家竞争态势

1）中国 SCI 发文量遥遥领先。中国在 SCI 论文数量上保持绝对领先优势。以第一作者所属国家为统计口径进行国家发文量的统计，图 3-16 显示了 2012—

2022 年排名前 10 国家的发文情况。中国是累计发文量最多的国家，以 326 篇的论文数量远超过其他国家。美国和日本发文量相近，分别以 70 篇和 60 篇发文位居第 2 位和第 3 位。其他国家发文量均不超过 30 篇，数量较少。排名前 15 国家中，亚洲国家有 6 个，包括中国、日本、印度、以色列、伊朗、韩国，且发文量排名较靠前，可见亚洲地区对采收机器人领域的关注度较高。

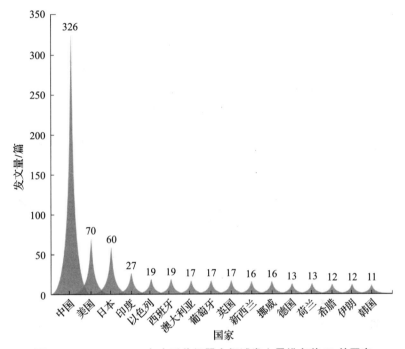

图 3-16　2012—2022 年在采收机器人领域发文量排名前 10 的国家

2）中国研究发展势头最为强劲，美、日、印三国稳中有升。图 3-17 展示了在采收机器人领域 SCI 发文量前 4 国家的历年发文量变化。其中，中国 SCI 发文量增长态势最为明显，美国、日本、印度总体上呈现稳中有升的态势。2016 年是中国和美国 SCI 发文量的小高峰，随后两国发文量在 2021 年达到了最大值。日本和印度两国发文量总体趋势趋于平稳且历年发文量不大。

3）荷兰、澳大利亚 SCI 论文影响力高，中国 SCI 论文影响力排名第 6 位。图 3-18 展示了在该领域发文量排名前 10 国家的 SCI 论文被引情况。荷兰和澳大利亚 SCI 论文的篇均被引频次处于第一梯队，分别达到 44 次和 41 次，在采收机器人领域的研究影响力较高。中国 SCI 论文的总被引频次领先于其他国家，但篇均被引频次仅为 11 次，在图示的所有国家中排名第 6 位，与挪威、葡萄牙持平。除以色列外，亚洲国家 SCI 论文的篇均被引频次总体偏低。

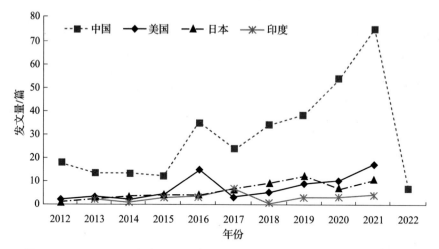

图 3-17 2012—2022 年在采收机器人领域 SCI 发文量前 4 国家的历年发文量

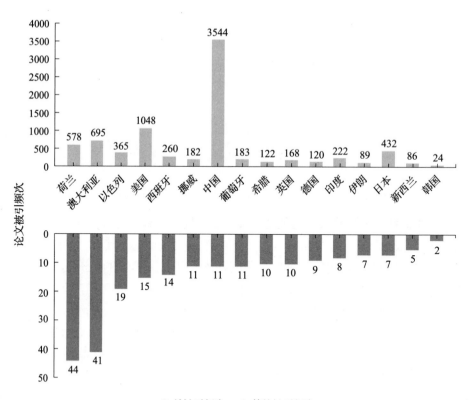

图 3-18 2012—2022 年在采收机器人领域发文量排名前 10 国家的 SCI 论文被引频次

4）各国都关注对象及环境识别技术，中国和美国的研究方向覆盖全面。分析在采收机器人领域发文量前 10 国家的热点关键词，揭示出不同国家的研究侧重主题。表 3-17 列出了主要国家的重点关键词，其中，中国列出了出现 3 次及以上的关键词，其他国家列出了出现 2 次及以上的关键词。绝大多数国家都在机器视觉、图像处理技术方面开展了研究。中国和美国的研究主题分布全面，美国侧重于运动模拟和伺服控制、末端执行器、导航等研究，日本和韩国侧重于末端执行器、机械臂等研究。

表 3-17　2012—2022 年在采收机器人领域发文量前 10 国家的重点关键词

国家	重点关键词
中国	水果探测、深度学习、机器视觉、图像分割、番茄、机械臂、双目立体视觉、末端执行器、图像处理、苹果、计算机视觉、立体匹配、番茄探测、特征提取、柑橘、视觉系统、视觉伺服、卷积神经网络、霍夫变换、机器学习、掩模 R-CNN、障碍物回避、姿态估计、路径规划、柑橘、颜色空间、数据增强、Faster R-CNN、葡萄簇、夹持器、图像识别、实例分割、猕猴桃、定位、运动规划、路径规划、点云、语义分割、草莓、支持向量机、AdaBoost 分类器、注意力机制、色彩分析、凸壳、动态仿真、遗传算法、数学形态学、多特征融合、夜间图像及视觉、重叠、采摘模式、RGB-D 图像、幼苗、支持向量机、移栽、YOLO、ZFNet
美国	机器视觉、苹果、特种作物、深度学习、水果探测、ROS、计算机仿真、水果定位、收获模拟、机械化、三维重建、枝干分割、计算机视觉、棉花、末端执行器、水果运动、GNSS、采收效率、人机协作、机械臂、风险-回报优化、特种作物采收机械化、视觉伺服控制
日本	末端执行器、机械臂、智慧农业、深度学习、正向运动学、青椒、图像处理、红外图像、反向运动学、机器学习、建模、点云处理、姿态估计、伺服电机、番茄、体素处理、工作空间
印度	图像处理、农业自动化、蓝牙、椰子采收、机器学习、机器视觉、机械臂
以色列	水果探测、甜椒、机械臂、甜瓜、定向运动、任务型优化、时间最优控制
西班牙	加速器、茄子、图像处理、机器学习、机器视觉、软夹持器、触觉传感器
澳大利亚	深度学习、计算机视觉、水果探测、农业自动化、软机器人
葡萄牙	机器学习、水果探测、定位和测绘、精确葡萄栽培
英国	农业自动化
新西兰	神经网络、农业自动化、芦笋、计算机视觉、卷积神经网络、猕猴桃、机器视觉、果园、工作空间
挪威	机器视觉、草莓、电缆夹持器、现场评估、障碍物分离

(续)

国家	重点关键词
德国	软操纵、可变阻抗
荷兰	计算机视觉、语义分割、传感器
希腊	计算机视觉、深度学习、机器视觉、目标探测
伊朗	人工智能
韩国	末端执行器、卷积神经网络、机器学习、番茄探测、牵引切割单元

4．机构竞争态势

1）中国的机构发文量处于绝对领先地位。图 3-19 展示了发文量排名前 10 机构的相关情况（存在并列情况），这些机构分别来自中国、美国、日本、以色列、葡萄牙和挪威。中国的机构表现最为出色，共有 7 所机构跻身前 10，并且发文量最高的 4 家机构均被中国包揽。其中，发文量最多的是江苏大学，总共有 47 篇，华南农业大学（40 篇）、西北农林科技大学（36 篇）、中国农业大学（24 篇）

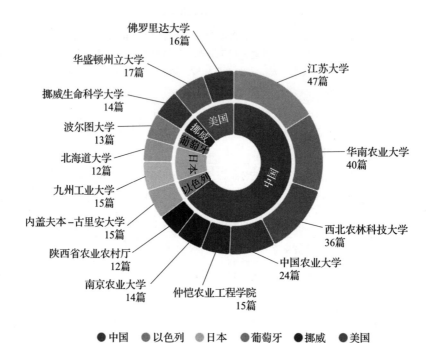

图 3-19　2012—2022 年在采收机器人领域发文量排名前 10 的机构

分列第 2 ~ 4 位，其他机构的发文量相差不多。美国共有 2 所大学在该领域拥有较多发文量，分别为华盛顿州立大学（17 篇）、佛罗里达大学（16 篇）。日本的九州工业大学和以色列的内盖夫本 – 古里安大学均有 15 篇相关 SCI 论文。

2）华南农业大学、西北农林科技大学、江苏大学发展势头最为强劲。发文量排名前 5 的机构，其发文量随时间波动较大（图 3 – 20）。江苏大学、华南农业大学和西北农林科技大学这 3 所机构在 2016 年形成一个发文高峰，2017 年随后下降并快速上升。2021 年这 3 家机构的发文量达到了最高，其中，华南农业大学和西北农林科技大学各发表了 11 篇，江苏大学发表了 9 篇。华盛顿州立大学同样在 2016 年达到发文高峰，之后发文量较少。华南农业大学、西北农林科技大学和江苏大学发展势头最为强劲。

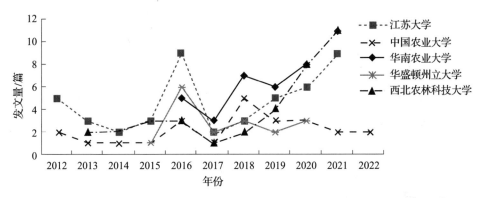

图 3 – 20　2012—2022 年在采收机器人领域发文量排名前 5 机构的发文量时间趋势

3）美国、以色列机构 SCI 发文影响力最高。考察在采收机器人领域高发文机构的 SCI 论文被引频次（图 3 – 21），美国华盛顿州立大学的篇均被引频次最高，其次是以色列的内盖夫本 – 古里安大学。中国的仲恺农业工程学院和华南农业大学的篇均被引频次分别排第 3、第 4 位，陕西省农业农村厅、南京农业大学、西北农林科技大学和江苏大学的篇均被引频次分别排在第 6、第 7、第 10、第 11 位。

4）发文量领先机构均开展图像处理技术研究。表 3 – 18 列出了在采收机器人领域发文量排名前 10 机构出现 2 次及以上的关键词。机器视觉、图像处理技术等是发文量前列机构的主要研究主题。其中，中国的西北农林科技大学、美国的华盛顿州立大学在卷积神经网络等领域发文量较多，日本的北海道大学和中国的西北农林科技大学在末端执行器和机械臂方面发文量较多。

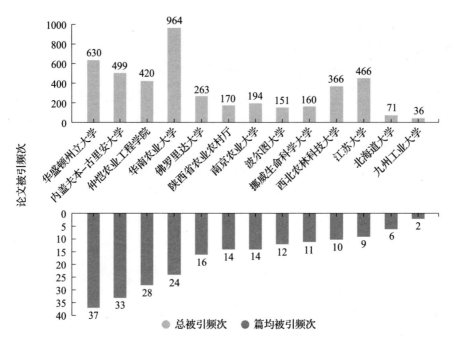

图3-21　2012—2022年在采收机器人领域发文量排名前10机构的SCI论文被引频次

表3-18　2012—2022年在采收机器人领域发文量排名前10机构的重点关键词

国家	机构名称	重点关键词
中国	江苏大学	柑橘、果实探测、夜间图像及视觉、幼苗、移植、果实簇、末端执行器、特征提取、力传感器、夹柄、图像增强、图像处理、图像识别、阻抗控制、改进RHT、机器视觉、蘑菇、障碍物回避、振动
	华南农业大学	水果探测、双目立体视觉、立体匹配、机器视觉、RGB-D图像、支持向量机、AdaBoost分类器、分支重建、切割点、深度学习、容错、葡萄簇、图像分割、实例分割、荔枝、机器学习、夜景图像及视觉、障碍物回避、采摘点计算、小波变换
	西北农林科技大学	深度学习、末端执行器、猕猴桃、机械臂、番茄、采摘模式、ZFNet、苹果、颜色空间、凸壳、数据增强、动态仿真、Faster R-CNN、有限元分析、水果探测、水果分割、抓取压力、k-均值聚类算法、闭塞苹果、分割算法、轨迹规划、VGG16、视觉伺服
	中国农业大学	水果探测、深度学习、计算机视觉、图像分割、机器视觉、天然橡胶、草莓
	陕西省农业农村厅	机器学习
	仲恺农业工程学院	水果探测、支持向量机、分支重建、RGB-D图像、立体匹配
	南京农业大学	深度学习、水果探测、多特征融合

(续)

国家	机构名称	重点关键词
美国	华盛顿州立大学	机器视觉、苹果、深度学习、ZFNet、分支及主干分割、数据增强、Faster R-CNN、VGG16
	佛罗里达大学	水果运动、风险 – 回报优化、视觉伺服控制
日本	九州工业大学	红外图像、智慧农场
	北海道大学	机械臂、末端执行器、正向运动学、反向运动学、南瓜、伺服电机、智慧农业、工作空间
以色列	内盖夫本 – 古里安大学	甜椒、水果探测
挪威	挪威生命科学大学	机器视觉、草莓、电缆夹持器、现场评估、障碍物分离
葡萄牙	波尔图大学	水果探测、定位及测绘、机器学习

3.4.2　研究重点分析

在 767 篇检索论文中，选取各年度被引频次位于前 10% 的论文，得到 73 篇高被引论文，邀请专家构建了采收机器人研究的技术体系，并对高被引论文的内容进行了判读，结合文献和情报分析，对采收机器人领域的重点研究主题进行了分析，就研究主题分布，对主要研究主题的重点研究内容进行了深入分析研判。

结果显示，采收机器人领域的研究主题包括对象及环境识别技术、末端执行器技术、作业操控技术、动力平台技术和应用场景等。图 3–22 给出了高被引论

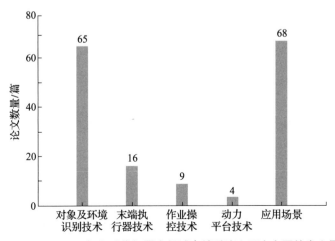

图 3–22　2012—2022 年在采收机器人领域高被引论文研究主题的发文量分布

文研究主题的发文量分布。其中，对象及环境识别技术的相关论文是研究的主体，共有65篇，占89.0%；研究末端执行器技术的论文有16篇，占21.9%；研究作业操控技术的论文有9篇，占12.3%；动力平台技术的相关论文较少，只有4篇，占5.5%；93.2%的高被引论文（68篇）涉及特定作物的应用场景，体现出相关研究和技术对特定果蔬作物的特异性和专用性。

1. 对象及环境识别技术

自动采收在农业产业的未来发展中具有广阔的前景，而视觉系统是自动采收技术中最具挑战性的组成部分之一。采收机器人需要实现准确、快速、可靠的果蔬识别和定位。由于果园或温室高度变化及非结构化的环境、水果大小与形状等随品种和成熟度不同、光照变化、随风晃动、树枝和叶片遮挡，以及果实重叠等因素，为采收机器人的果实识别定位带来了巨大的挑战。因此，果园或果蔬种植环境及对象的识别技术是采收机器人最主要的研究主题，在高被引论文中尤其以对象及环境识别技术包括图片处理算法为最重要的研究主题。

1）果实特征提取是识别的第一步。在对象及环境识别技术方向的65篇高被引论文中，果实特征提取的相关论文有19篇，主要是提取果实的颜色、形状、深度、纹理等，以颜色特征的提取为主。果实成熟度识别的相关论文有8篇，主要基于果实颜色和大小识别。果柄识别的相关论文有5篇，主要是葡萄梗、荔枝簇等，用于识别切割点。双目立体视觉的相关论文有13篇，主要是在机器人系统中构建了立体视觉单元，如华南农业大学的团队集成了手眼立体视觉和同时定位和映射系统以提供支持长期、灵活和大规模果园采收的详细地图。视觉信息获取策略的相关论文有6篇，主要策略包括自适应立体匹配策略、计算红绿色差和色比、透视变换的距离估计方法、红绿蓝深度成像、基于R-G色差和（R-G)/（G-B）色差比等。视觉传感技术的相关论文有8篇，主要包括物联网、Kinect V2传感器、红绿蓝深度（RGB-D）传感器、彩色电荷耦合设备相机、可提供彩色（RGB）和三维（3D）形状信息的RGB-D相机，其中，Kinect V2传感器应用较多。

2）图像处理是通过计算机技术将图像信号转换为数字信号，进而进行处理的过程，主要包括图像特征提取、图像分割、图像增强、图像纠错、图像重建等步骤。图像处理算法是图像处理技术的核心，随着人工智能、机器学习技术的产生及在图像处理领域的创新应用，相关图像处理算法的不断发展演化，更高效、更精准的图像处理算法不断产生，在农业采收机器人领域迅速深化应用。

①在图像处理算法方面，图像特征提取算法是一个主要的研究问题。表3-19列出了图像特征提取算法相关高被引论文。应用较多的图像特征提取算法包括支持向量机、随机环方法（RRM）、小波变换、二值化、膨胀、腐蚀、定向梯度直方图（HOG）、颜色和三维几何特征、基于角度/颜色/形状的全局点云描述符、稠密尺度不变特征变换（DSIFT）算法和局部约束线性编码（LLC）等。

表3-19　图像特征提取算法相关高被引论文

序号	中文标题	英文标题	发表年/被引频次	主要研究内容	作者机构（所属国）
1	基于局部形状匹配和概率Hough变换的自然环境水果检测	Fruit detection in natural environment using partial shape matching and probabilistic Hough transform	2020/44	提出了一种在自然环境中检测水果的新技术。开发了一种新的概率霍夫变换来聚合这些子片段以获得候选水果，候选水果通过一个支持向量机分类器进行颜色和纹理特征训练	华南农业大学、仲恺农业工程学院（中国）
2	利用立体视觉定位树上的苹果	Location of apples in trees using stereoscopic vision	2015/50	针对苹果自动识别与定位采摘问题，提出了3种算法，包括基于色差R-G和色差比（R-G）/(G-B)的苹果识别算法，基于随机环方法（RRM）从轮廓图像中提取水果形状特征的算法，基于苹果面积和极线几何的定位匹配算法	华南农业大学（中国）
3	夜间自然环境中荔枝簇的识别和采摘点的计算	The recognition of litchi clusters and the calculation of picking point in a nocturnal natural environment	2018/28	通过分析同一荔枝图像在不同颜色模型下的颜色特征，证明了YIQ颜色模型是夜间荔枝识别中最实用的模型	华南农业大学（中国）
4	采收机器人基于特征图像融合的番茄鲁棒识别	Robust Tomato Recognition for Robotic Harvesting Using Feature Images Fusion	2016/51	提出了一种采用小波变换融合a、i分量特征图像的鲁棒番茄识别算法。该算法利用OTSU将目标番茄从背景中分割，并采用形态学运算去除噪声	上海交通大学（中国）

（续）

序号	中文标题	英文标题	发表年/被引频次	主要研究内容	作者机构（所属国）
5	基于物联网的樱桃番茄采收机器人	The Design and Realization of Cherry Tomato Harvesting Robot Based on IoT	2016/34	设计了一种基于图像识别和模块化控制的采收机器人来提高采收效率并降低破损率。其采用物联网技术进行图像采集后，对原始图像进行二值化处理和膨胀、腐蚀处理，可有效提高水果识别率	贺州学院（中国）
6	葡萄园葡萄簇视觉检测的模式识别策略	A pattern recognition strategy for visual grape bunch detection in vineyards	2018/27	基于形状描述符的定向梯度直方图（HOG）和获取纹理信息的局部二进制图案（LBP），提出了能够在不同光照条件、遮挡水平和摄像机和藤蔓多种距离下的葡萄识别和葡萄梗检测策略	智利天主教大学（智利）
7	基于颜色和3D特征融合的机器人采收苹果自动识别	Automatic apple recognition based on the fusion of color and 3D feature for robotic fruit picking	2017/57	提出了利用颜色融合和三维几何信息作为苹果、树枝和叶片的改进3D描述符，训练了一种基于GA-optimized的支持向量机的自动识别分类器，实现了从苹果树的点云数据中自动识别苹果、树枝和叶片	南京农业大学（中国）
8	基于颜色、深度和形状的3D水果检测	Color-, depth-, and shape-based 3D fruit detection	2020/49	采用M估计的3D形状检测方法从每个点云中检测潜在水果，开发一个基于角度/颜色/形状的全局点云描述器来提取特征向量，利用基于GPCD特征训练的支持向量机分类器排除误差	华南农业大学、仲恺农业工程学院（中国）

（续）

序号	中文标题	英文标题	发表年/被引频次	主要研究内容	作者机构（所属国）
9	甜椒采收机器人的障碍物鲁棒像素分类	Robust pixel-based classification of obstacles for robotic harvesting of sweet-pepper	2013/60	开发了一种利用人工照明的多光谱分类系统，以从背景中分割植被。利用基于 46 位像素特征训练回归树分类器进行植被部位分类，首次在不同光照条件下实现对植被分类性能的研究	瓦格宁根大学（荷兰）
10	基于红绿蓝深度图像的百香果检测和成熟度分类	Detection of passion fruits and maturity classification using Red-Green-Blue Depth images	2018/34	使用稠密尺度不变特征变换（DSIFT）算法和局部约束线性编码（LLC）从 R、G 和 B 通道提取和表示水果成熟度特征。将 RGB-DSIFT-LLC 特征输入线性支持向量机分类器中识别水果的成熟度	华南农业大学（中国）
11	结合 AdaBoost 分类器和颜色分析检测温室场景中的番茄	Detecting tomatoes in greenhouse scenes by combining AdaBoost classifier and colour analysis	2016/56	首先利用灰度图像的 HAAR 样特征与 Adaboost 分类器确定可能的番茄对象，然后使用基于平均像素值（APV）的颜色分析方法提出了分类结果中的错误分类	上海交通大学（中国）

②所研究的图像分割算法中，Otsu 阈值分割、区域生长和支持向量机的研究较多，此外还有光谱阈值、自适应阈值、颜色分割、边界分割、贝叶斯分类器、模糊 C 均值聚类方法、Canny 算子、k 均值聚类、有效颜色分量、轮廓分析、Deeplabv3 等。表 3-20 列出了图像分割算法相关高被引论文。

表 3-20　图像分割算法相关高被引论文

序号	中文标题	英文标题	发表年/被引频次	主要研究内容	作者机构（所属国）
1	基于颜色、深度和形状的3D水果检测	Color-, depth-, and shape-based 3D fruit detection	2020/49	预先制作图像中感兴趣区域掩膜与待处理图像相乘，得到感兴趣图像。然后利用区域增长法对图像进行分割，分割成多个不同的区域。每一个区域代表果实、树叶和枝条，然后将其转化成点云数据	华南农业大学、仲恺农业工程学院（中国）
2	甜椒采收机器人的障碍物鲁棒像素分类	Robust pixel-based classification of obstacles for robotic harvesting of sweet-pepper	2013/60	利用光谱阈值将甜椒植被（波长大于900纳米）从背景中分割出来，非植被目标（滴水器、水壶、棍子）的光谱区阈值为447纳米。再基于46位像素特征训练回归树分类器用于植被部位分类	瓦格宁根大学（荷兰）
3	利用支撑丝作为视觉线索对甜椒茎定位	Stem localization of sweet-pepper plants using the support wire as a visual cue	2014/47	使用单色相机记录图像，并人工控制光照以减少光照的影响。算法包括自适应阈值、使用缠绕在茎秆上的支撑线作为视觉线索、使用基于对象和3D特征及使用最小预期茎距等	瓦格宁根大学（荷兰）
4	柑橘采收机器人利用机器视觉和支持向量机识别自然场景中的水果和树枝	Identification of fruit and branch in natural scenes for citrus harvesting robot using machine vision and support vector machine	2014/47	提出了一种应用于柑橘采收机器人的识别成熟柑橘与枝条的视觉系统。采用多类支持向量机（SVM）对果实和枝条进行同步分割，并通过形态学运算取得了成功	江苏大学（中国）

（续）

序号	中文标题	英文标题	发表年/被引频次	主要研究内容	作者机构（所属国）
5	农业语义分割的数据合成方法：辣椒数据集	Data synthesis methods for semantic segmentation in agriculture: A Capsicum annuum dataset	2018/55	提出了一种基于经验测量生成植物随机网格渲染的新方法，包括自动生成多个植物部件的每个像素类和深度标签	瓦格宁根大学（荷兰）
6	基于颜色和位置信息的夜间苹果图像分割方法	A method of segmenting apples at night based on color and position information	2016/34	首先，使用 RGB 和 HSI 颜色空间中采样像素的颜色分量来训练神经网络模型来分割苹果。其次，考虑分割区域周围像素的颜色和位置，以及分割区域边界上的像素来分割苹果的边缘区域	江苏大学（中国）
7	基于 RGB-D 图像分析的柑橘田间检测与定位	In-field citrus detection and localisation based on RGB-D image analysis	2019/26	首先开发了深度过滤器和基于贝叶斯分类器的图像分割方法，以排除尽可能多的背景。然后使用密度聚类方法将过滤后的 RGB-D 图像中的相邻点分组为簇。训练基于颜色、梯度和几何特征的支持向量机分类器以去除误报	华南农业大学、仲恺农业工程学院（中国）
8	自然光照条件下柑橘果实的检测和遮挡恢复	Detecting citrus fruits and occlusion recovery under natural illumination conditions	2015/37	提出了一种基于颜色信息和轮廓碎片的识别方法。根据水果的颜色特性，将色差信息与归一化 RGB 模型相融合进行初步分割	华中科技大学（中国）
9	动态荔枝簇采收机器人视觉定位技术	Visual positioning technology of picking robots for dynamic litchi clusters with disturbance	2018/25	针对静态、轻微动态干扰下的荔枝簇，将改进的模糊 C 均值聚类方法用于图像分割，以获得荔枝果实和茎，并计算茎上的选择点后使用双眼视觉立体匹配方法确定选择点的空间位置	华南农业大学（中国）

（续）

序号	中文标题	英文标题	发表年/被引频次	主要研究内容	作者机构（所属国）
10	基于机器视觉的夜间人工照明猕猴桃识别	Kiwifruit recognition at nighttime using artificial lighting based on machine vision	2015/40	首先，在树冠下放置RGB相机，使图像最大化包含果实。其次，使用R-G颜色模型对图像进行分割。最后，采用Canny算子等传统图像处理方法对果实检测。该方法有效降低了背景噪声，克服目标重叠问题	西北农林大学（中国）
11	复杂背景下水果采收机器人视觉系统中水果目标的自动提取方法	Automatic method of fruit object extraction under complex agricultural background for vision system of fruit picking robot	2014/53	基于OHTA颜色空间中的新特征改进Otsu阈值算法，在OHTA颜色空间中提取颜色特征，然后作为Otsu阈值算法的输入，该算法自动计算分割阈值。利用该方法自动提取水果对象，并以二值图像的形式输出	中国科学院遥感与数字地球研究所（中国）
12	采收机器人葡萄园重叠葡萄梗切割点检测的视觉方法	A vision methodology for harvesting robot to detect cutting points on peduncles of double overlapping grape clusters in a vineyard	2018/43	利用基于k均值聚类和有效颜色分量的分割算法，得到葡萄园图像中代表葡萄簇的像素区域。提取葡萄簇的边缘图像，然后利用几何模型获得双重叠葡萄簇的轮廓交点。利用轮廓分析方法，通过一条连接双相交点的线来分离双葡萄簇的区域像素。最后，根据每个像素区域的几何信息确定每个葡萄簇的花序梗感兴趣区域，并使用计算方法通过几何约束方法确定每个葡萄丛花序梗上的合适切割点	广东大学、华南农业大学（中国）

（续）

序号	中文标题	英文标题	发表年/被引频次	主要研究内容	作者机构（所属国）
13	基于视觉的采收机器人果枝检测和荔枝簇定位	Detection of Fruit-Bearing Branches and Localization of Litchi Clusters for Vision-Based Harvesting Robots	2020/36	采用语义分割方法 Deeplabv3 将 RGB 图像分割为三类：背景、水果和树枝。通过骨架提取和修剪操作对树枝二值图图像进行处理，只留下树枝的主要分支。采用基于非参数密度的带噪声应用空间聚类方法，对树枝骨架图三维空间中的像素进行聚类。通过主成分分析将三维直线拟合到每个聚类中，线性信息对应于结果枝的位置	华南农业大学、仲恺农业工程学院（中国）
14	基于深度学习的网格自动训练苹果分割	Deep learning based segmentation for automated training of apple trees on trellis wires	2020/33	使用 Kinect V2 传感器获取目标树的 RGB 和点云数据。然后使用 Simple-RGB 和 Fregroun-RGB 图像来训练基于卷积神经网络（CNN）的分割网络（SegNet）来分割主干、分枝和网格线	华盛顿州立大学（美国）
15	苹果采收机器人自动识别视觉系统	Automatic recognition vision system guided for apple harvesting robot	2012/111	使用彩色电荷耦合设备相机捕捉苹果图像，基于矢量中值滤波器去除苹果彩色图像中的噪声，利用区域生长和颜色特征的方法进行图像分割，提取苹果的颜色与形状特征，引入支持向量机用于苹果识别与分类以提高识别精度和效率	江苏大学（中国）

（续）

序号	中文标题	英文标题	发表年/被引频次	主要研究内容	作者机构（所属国）
16	采收机器人基于特征图像融合的番茄鲁棒识别	Robust Tomato Recognition for Robotic Harvesting Using Feature Images Fusion	2016/51	提出了一种采用小波变换融合a、i分量特征图像的鲁棒番茄识别算法。该算法利用OTSU将目标番茄从背景中分割，并采用形态学运算去除噪声	上海交通大学（中国）
17	结合AdaBoost框架和多个颜色分量的鲁棒葡萄聚类检测	Robust Grape Cluster Detection in a Vineyard by Combining the AdaBoost Framework and Multiple Color Components	2016/43	提取葡萄簇的有效颜色成分，构建线性分类模型。利用AdaBoost框架构建了一个强分类器。对采集到的图像的所有像素点进行强分类器分类，通过区域阈值法和形态学滤波去除噪声，最后使用封闭矩形法对葡萄簇进行标记	华南农业大学、广东大学（中国）
18	夜间自然环境中荔枝簇的识别和采摘点的计算	The recognition of litchi clusters and the calculation of picking point in a nocturnal natural environment	2018/28	使用改进的模糊聚类方法（FCM）将该分析方法与一维随机信号直方图相结合，去除夜间图像的背景。使用Otsu算法从茎基分割水果，Harris corner则用于拾取点检测	华南农业大学（中国）

③此外，在高被引论文中还揭示了用于图像纠错的基于GPCD特征训练的支持向量机算法，用于图像重建的密度聚类方法、支持向量机等算法，用于图像增强降噪的矢量中值滤波器降噪、形态学降噪等算法。

近年来，基于深度学习的卷积神经网络（Convolutional Neural Network，CNN）在图像分类、目标检测、图像语义分割等领域取得了一系列突破性的研究成果，其强大的特征学习与分类能力引起了广泛的关注。特别是2014—2016年，R-CNN框架、Fast R-CNN框架和Faster R-CNN框架陆续被提出，目标监测接近实时，检测精度达到非常高的水平。优良的效果使其在农业采收机器人领域得到越来越多的应用。此外，研究开发的其他新型结构卷积神经网络如掩模区域卷积神经网络（Mask R-CNN），新型模型策略如迁移学习等也陆续在采收机器人领域得到尝试。采收机器人领域在 2016 年开始出现相关研究，大量研究从 2018 年开始。

表 3-21 列出了 19 篇卷积神经网络相关高被引论文，占高被引论文总数的 20.0%，表明卷积神经网络技术在采收机器人视觉图像处理领域得到了深度渗透。其中，R-CNN 的相关论文有 7 篇，Faster R-CNN 及部分改进的相关论文有 7 篇，Mask R-CNN 及部分改进的相关论文有 2 篇，此外还有 Single-Shot CNN、结合了卷积神经网络（CNN）和生成对抗网络（GAN）的人工神经网络（ANN）、全卷积网络（Fully Convolutional Networks）的相关论文各 1 篇。澳大利亚昆士兰科技大学的研究团队在 2016 年发表了 1 篇论文，通过迁移学习，探索了早期和晚期融合方法来组合多模态（RGB 和 NIR）信息，开发出一种新型的多模态 Faster R-CNN 模型。由于这种方法需要边界框注释而不是像素级注释（注释边界框的执行速度大约快一个数量级），因此对新水果的监测非常快。每种水果整个过程需要 4 小时来注释和训练，准确度也大大提高。这篇论文被引用 385 次，成为采收机器人领域图像识别算法的奠基性论文。此外，澳大利亚莫纳什大学的研究团队先后提出了改进的深度神经网络 DaSNet-v1 和 DaSNet-v2，实现了对水果的可靠高效检测和实例分割。该论文于 2020 年发表，已经获得了 50 次被引频次。

表 3-21　卷积神经网络相关高被引论文

序号	中文标题	英文标题	发表年/被引频次	主要研究内容	作者机构（所属国）
1	基于深度学习的网格苹果自动训练分割	Deep learning based segmentation for automated training of apple trees on trellis wires	2020/33	使用 Simple-RGB 和 Fre-groun-RGB 图像来训练基于卷积神经网络（CNN）的分割网络（SegNet）来分割主干、分枝和网格线	华盛顿州立大学（美国）
2	基于视觉传感器的果园苹果收获果实检测与分割	Fruit Detection and Segmentation for Apple Harvesting Using Visual Sensor in Orchards	2019/34	开发的检测和分割网络利用了 ASPP 模块和特征金字塔网络来增强网络的特征提取能力。为了提高网络模型的实时计算性能，开发了一种基于 RES-NET 的轻量级骨干网络	莫纳什大学（澳大利亚）

（续）

序号	中文标题	英文标题	发表年/被引频次	主要研究内容	作者机构（所属国）
3	利用深度学习实现苹果园实时水果检测	Fast implementation of real-time fruit detection in apple orchards using deep learning	2020/50	开发的框架包括自动标签生成模块和基于深度学习的水果检测器"Led-Net"。标签生成算法利用多尺度金字塔和聚类分类器帮助快速标记训练数据。LedNet采用特征金字塔网络和atrous空间金字塔池提高模型的检测性能。还开发了一种轻型主干，用于提高计算效率	莫纳什大学（澳大利亚）
4	经过现场测试的卷心莴苣机器人采收系统	A field-tested robotic harvesting system for iceberg lettuce	2020/33	开发了一个称为Vegebot的平台，由视觉系统、定制末端效应器和软件组成。开发了定制视觉和学习系统，该系统使用两个集成卷积神经网络实现分类和定位	剑桥大学（英国）
5	利用机器视觉、卷积神经网络和机械臂进行猕猴桃机器人收割	Robotic kiwifruit harvesting using machine vision, convolutional neural networks, and robotic arms	2019/53	视觉系统利用深度神经网络和3D视觉立体匹配技术的最新的研究成果，在自然照明条件下能可靠地检测和定位猕猴桃	奥克兰大学、怀卡托大学（新西兰）
6	基于深度学习的自然环境下机器人采收椰枣分类	Date Fruit Classification for Robotic Harvesting in a Natural Environment Using Deep Learning	2019/31	机器视觉框架由3个分类模型组成，用于根据枣果的类型、成熟度和采收决策实时对椰枣图像进行分类。在分类模型中，利用深度卷积神经网络对预先训练的模型进行传递学习和微调	沙特国王大学（沙特阿拉伯）

（续）

序号	中文标题	英文标题	发表年/被引频次	主要研究内容	作者机构（所属国）
7	基于深度学习的番茄采收机器人分类系统改进设计	Deep Learning Based Improved Classification System for Designing Tomato Harvesting Robot	2018/27	通过少量训练数据，对比 3 种数据增强手段，在不同的增强数据集上训练和验证模型，实现了基于卷积神经网络（CNN）的分类系统，并尝试为数据集选择最佳的增强方法，实现了基于深度学习的番茄成熟度分类	中国农业大学（中国）
8	基于红绿蓝深度图像的百香果检测和成熟度分类	Detection of passion fruits and maturity classification using Red-Green-Blue Depth images	2018/34	通过颜色和深度图像，使用更快的基于区域的卷积神经网络（faster R-CNN）检测百香果，并将基于颜色的检测与基于深度的检测相结合，以提高检测性能	华南农业大学（中国）
9	使用基于 ZFNet 网络的 Faster R-CNN 在田间图像中检测猕猴桃	Kiwifruit detection in field images using Faster R-CNN with ZFNet	2018/31	通过使用 Zeiler 和 Fergus 网络（ZFNet）的反向传播和随机梯度下降技术，可以端到端地训练 Faster R-CNN	西北农林科技大学（中国）
10	使用机器人视觉系统进行基于 Faster R-CNN 的多类水果检测	Faster R-CNN for multi-class fruit detection using a robotic vision system	2020/99	改进的 Faster R-CNN 深度学习框架包括水果图像库创建、数据论证、改进的 Faster RCNN 模型生成和性能评估。实现了卷积层和池化层的改进，以更准确更快地检测水果	中南财经政法大学（中国）、塞萨洛尼基亚里士多德大学（希腊）

（续）

序号	中文标题	英文标题	发表年/被引频次	主要研究内容	作者机构（所属国）
11	使用 RGB 和深度特征且基于 Faster R-CNN 的苹果检测机器人	Faster R-CNN-based apple detection in dense-foliage fruiting-wall trees using RGB and depth features for robotic harvesting	2020/35	使用低成本的 Kinect V2 传感器开发了一个室外机器视觉系统，通过使用深度特征过滤背景对象来提高苹果检测的准确性。采用两种基于 Faster R-CNN 的架构 ZF-Net 和 VGG16 来检测原始 RGB 和前景 RGB 图像	西北农林科技大学（中国）
12	基于 Faster R-CNN 的 SNAP 系统的多类苹果检测	Multi-class fruit-on-plant detection for apple in SNAP system using Faster R-CNN	2020/46	提出了一种基于快速区域卷积神经网络的密叶果树多类苹果检测方法。检测了不同条件下的苹果，如没有遮挡、叶片遮挡、树枝遮挡和其他苹果遮挡等	西北农林科技大学（中国）、华盛顿州立大学（美国）
13	DeepFruits：一种基于深度神经网络的水果检测系统	DeepFruits：A Fruit Detection System Using Deep Neural Networks	2016/385	通过迁移学习，将基于 Faster R-CNN 的模型应用于水果检测。对预训练的 VGG1 网络微调后，探索了早期和晚期融合方法来组合多模态（RGB 和 NIR）信息，开发出一种新型的多模态 Faster R-CNN 模型	昆士兰科技大学（澳大利亚）
14	用于百香果检测和计数的基于 RGB-D 图像的多尺度 Faster R-CNN	Passion fruit detection and counting based on multiple scale faster R-CNN using RGB-D images	2020/26	改进了 MS-FRCNN 的架构，通过将来自较浅卷积的特征图合并到池化层中来检测较低级别的特征。检测框架分 3 个阶段：首先，使用多尺度特征提取器分别从 RGB 和深度图像中提取低特征和高特征。其次，使用 MS-FRCNN 分别训练 RGB 图像和深度图像。最后，探索了后期融合算法来结合 RGB 信息和深度信息	华南农业大学（中国）

（续）

序号	中文标题	英文标题	发表年/ 被引频次	主要研究内容	作者机构 （所属国）
15	基于优化的掩模 R-CNN 的重叠水果检测与分割在苹果采收机器人中的应用	Detection and segmentation of overlapped fruits based on optimized mask R-CNN application in apple harvesting robot	2020/55	提出了一种基于掩码区域卷积神经网络（Mask R-CNN）的采收机器人视觉检测器模型。对模型进行了改进，使其更适合重叠苹果的识别和分割。残差网络（ResNet）与密集连接卷积网络（DenseNet）相结合可以大大减少输入参数，并用作特征提取的骨干网络	山东师范大学（中国）
16	基于掩模区域卷积神经网络（Mask RC-NN）可实现非结构环境水果检测的草莓采收机器人	Fruit detection for strawberry harvesting robot in non-structural environment based on Mask-RCNN	2019/131	采用 Resnet50 作为骨干网络，结合特征金字塔网络（FPN）架构进行特征提取，区域提议网络（RPN）经过端到端训练，为每个特征图创建区域建议。在从 Mask R-CNN 生成成熟水果的掩码图像后，执行草莓采摘点的视觉定位	中国农业大学（中国）
17	用于树上水果实时检测的单步卷积神经网络算法	Single-Shot Convolution Neural Networks for Real-Time Fruit Detection Within the Tree	2019/45	使用深度学习技术消除了对特定水果形状、颜色和/或其他属性的硬编码特定特征的需要。该架构采用输入图像并划分为 AxA 网格，其中 A 是一个可配置的超参数。对每个网格单元应用图像检测和定位算法	博洛尼亚大学（意大利）

（续）

序号	中文标题	英文标题	发表年/被引频次	主要研究内容	作者机构（所属国）
18	基于神经网络的农业连续分类	ANN-Based Continual Classification in Agriculture	2020/26	人工神经网络（ANN）模型结合了卷积神经网络（CNN）和生成对抗网络（GAN）。CNN 只需要很少的原始数据即可获得良好的性能，适用于分类任务。GAN 从旧任务中提取重要信息，并生成抽象图像作为未来任务的内存。该方法通过记忆存储和检索连续分类，具有数据少和灵活性高两个优点	石河子大学、天津大学（中国）
19	现场使用的低成本 RGB-D 传感器的番石榴检测和姿态估计	Guava Detection and Pose Estimation Using a Low-Cost RGB-D Sensor in the Field	2019/50	部署全卷积网络来分割 RGB 图像以输出水果和分支二进制图。基于水果二值图和 RGB-D 深度图像，应用欧几里得聚类将点云分组为一组单独的水果。开发了一种三维线段检测方法来重建分割的分支。使用水果的中心位置和最近的分支信息估计水果的 3D 姿势	华南农业大学、仲恺农业工程学院（中国）

④另一部分基于深度学习的图像处理算法论文的研究主题主要是 2016 年提出的一步法目标检测框架——YOLO 框架。YOLO 框架不断更新，在 2018 年提出 YOLOv3 版本，2020 年提出 YOLOv5 版本，其优越的图像处理能力使其迅速在采收机器人领域开始应用。表 3-22 列出了 4 篇 YOLO 框架相关高被引论文，其中 3 篇为 YOLOv3 研究，1 篇为 YOLOv5 研究，均发表于 2020 年之后。

表 3-22 YOLO 框架相关高被引论文

序号	中文标题	英文标题	发表年/被引频次	主要研究内容	作者机构(所属国)
1	YOLO 番茄:一种基于 YOLOv3 的鲁棒番茄检测算法	YOLO-Tomato: A Robust Algorithm for Tomato Detection Based on YOLOv3	2020/63	改进的 YOLO 番茄是在 YOLOv3 中加入了密集架构,以促进特征的重用,并有助于学习更紧凑和准确的模型。该模型将传统的矩形边界框替换为用于番茄定位的圆形边界框,可以更精确地匹配番茄	釜山国立大学(韩国)
2	YOLOv3 算法在水果采收机器人苹果检测中的应用	Using YOLOv3 Algorithm with Pre-and Post-Processing for Apple Detection in Fruit-Harvesting Robot	2020/35	苹果检测机器视觉系统基于具有特殊预处理和后处理的 YOLOv3 算法。所提出的预处理和后处理技术使 YOLOv3 算法能够适用于苹果和柑橘采收机器人	俄罗斯联邦政府金融大学(俄罗斯)
3	基于改进 YOLOv3 框架的番茄检测	Tomato detection based on modified YOLOv3 framework	2021/16	通过对改进的 YOLOv3 模型应用标签所见方法、密集架构合并、空间金字塔池和 Mish 函数激活,形成 YOLO 番茄模型,来检测复杂环境条件下的番茄	山西农业大学(中国)
4	基于改进 YOLOv5 的采收机器人苹果目标实时检测方法	A Real-Time Apple Targets Detection Method for Picking Robot Based on Improved YOLOv5	2021/26	提出了一种基于改进的 YOLOv5s 的采收机器人轻量化苹果目标检测方法。与原始 YOLOv5s、YOLOv3、YOLOv4 和 EfficientDet-D0 模型相比,所提出的改进 YOLOv5s 模型的 MAP、模型大小、每幅图像的平均识别速度指标均有明显改善	西北农林科技大学(中国)

2．末端执行器技术

采收机器人的末端执行器是根据不同作业对象的物理特性，采取不同的专用结构。与末端执行器技术相关的 16 篇高被引论文主要是关于机械抓手模式和机械臂模式两方面的主题研究。机械抓手包括旋转式、吸气式、夹持式及手指式抓手等抓持和切割的系统组合，仿人手指的开发尚不成熟。目前采收机器人机械臂的研发主要是 5 ~ 7 个自由度的机械臂，多机械臂的协作主要是双臂和多臂。如新西兰奥克兰大学的研究团队设计了一个四臂猕猴桃采收机器人，每个机械臂都配备了一种新型末端执行器，还提出了一种新颖的动态采摘调度系统，用于在整个收获过程中协调 4 个臂的规划运动。表 3 – 23 和表 3 – 24 分别列出了机械抓手和机械臂相关高被引论文。

表 3–23　机械抓手相关高被引论文

序号	中文标题	英文标题	发表年/被引频次	主要研究内容	作者机构（所属国）
1	带旋转抓取器的番茄采收机器人	Development of An Autonomous Tomato Harvesting Robot with Rotational Plucking Gripper	2016/43	开发了一种具有立体相机的番茄采收机器人，可在短距离和直射阳光下测量深度，并使用无限旋转关节采摘抓手	东京大学（日本）
2	基于演示和归纳统计学习的柔顺运动基元	Learning Compliant Movement Primitives Through Demonstration and Statistical Generalization	2016/37	提出了一种柔顺运动基元（CMP），编码位置轨迹和相关的扭矩曲线，且可从单个用户演示中学习。使用所提出的控制框架，即使需要高轨迹跟踪精度，机器人也可以保持顺从。还开发了一种统计学习方法，可使用现有 CMP 的数据库并计算新的 CMP，以适应新的任务变化	Jožef Stefan 研究所（斯洛文尼亚）
3	保护性种植系统中的自主甜椒收获	Autonomous Sweet Pepper Harvesting for Protected Cropping Systems	2017/66	在采收机器人上结合有效的视觉算法和一种新的末端执行器用于收获甜椒。该末端执行器使用吸气抓手和振荡刀片在受保护的裁剪环境中成功去除甜椒	昆士兰科技大学（澳大利亚）

（续）

序号	中文标题	英文标题	发表年/被引频次	主要研究内容	作者机构（所属国）
4	带电缆驱动抓取器的草莓采收机器人的研制与现场评价	Development and field evaluation of a strawberry harvesting robot with a cable-driven gripper	2019/44	新型电缆驱动夹持器可张开手指以"吞下"目标。配备内部传感器的夹持器可以感知和纠正位置误差，并对视觉模块引入的定位误差具有鲁棒性。抓手的另一个重要特征是带有一个内部容器用于收集果实，可减少抓手运动的时间	挪威生命科学大学（挪威）
5	高效草莓采收机器人抓取器的设计与模糊控制	Design and fuzzy control of a robotic gripper for efficient strawberry harvesting	2015/33	设计了一个三指、单驱动的采摘夹子。通过夹子上的压力分布传感器，不断检测夹子之间的抓取水果的力分布。针对草莓在夹具上的错位受力不均匀问题，提出了一种基于模糊控制器和适当抓取标准的分层控制方案	希腊帕特拉斯大学（希腊）
6	一种结合低成本立体视觉相机和机械臂的自动水果收获方案	A Proposal for Automatic Fruit Harvesting by Combining a Low Cost Stereovision Camera and a Robotic Arm	2014/58	开发了一种结合低成本双目视觉相机和机械臂的水果自动收获系统。结合机械臂的反向运动学，通过在闭合视觉回路中反复调整抓取工具的垂直和水平位置可实现水果拾取	莱里达大学（西班牙）
7	采收机器人双指抓取番茄稳定性试验	Stability tests of two-finger tomato grasping for harvesting robots	2013/29	提出一种集成空间和接触抓握稳定性理论的视觉处理方法。从番茄图像中提取信息用于预测金属板与曲面手指抓取器的番茄稳定抓取区域	河南工业大学（中国）

（续）

序号	中文标题	英文标题	发表年/被引频次	主要研究内容	作者机构（所属国）
8	番茄采收中影响手抓类型的因素：采收机器人人机工程学发展的统计研究	Factors affecting human hand grasp type in tomato fruit-picking: A statistical investigation for ergonomic development of harvesting robot	2019/26	研究了番茄采收中影响人手抓握类型的因素，为水果采收机器人的尺寸合成及从人机工程学角度制定多指末端执行器智能拾取的抓取规划算法提供科学指导	西北农林科技大学（中国）
9	甜椒采收机器人两种末端执行器的性能评价	Performance Evaluation of a Harvesting Robot for Sweet Pepper	2017/66	评估了在未修改和简化的作物条件下，两种末端执行器（Fin Ray；Lip type）及其抓握姿势对甜椒采收机器人性能的影响	瓦格宁根大学（荷兰）
10	樱桃番茄机器人收获系统的设计与试验	Design and test of robotic harvesting system for cherry tomato	2018/34	机器人由立体视觉单元、末端执行器、机械手、水果采集器和轨道车辆组成。根据果实的机械特性设计了用于固定和分离果穗的末端执行器	北京市农林科学院（中国）

表3-24　机械臂相关高被引论文

序号	中文标题	英文标题	发表年/被引频次	主要研究内容	作者机构（所属国）
1	温室番茄采收机器人的研制	Development of a tomato harvesting robot used in greenhouse	2017/37	介绍了一款由四轮独立转向系统、5-DOF收获系统、导航系统和双眼视觉系统组成的温室番茄采收机器人	北京工业大学（中国）
2	苹果采收机器人的设计、集成和现场评估	Design, integration, and field evaluation of a robotic apple harvester	2017/98	机器人系统集成了全球摄像头设置，七自由度机械臂，通过开环控制执行水果采收，具有感知、规划和操作功能	华盛顿州立大学（美国）

（续）

序号	中文标题	英文标题	发表年/被引频次	主要研究内容	作者机构（所属国）
3	甜椒采收机器人的研制	Development of a sweet pepper harvesting robot	2020/60	机器人系统包括一个六自由度工业机械臂和与其配套的末端执行器、RGB-D摄像机、带有图形处理单元的高端计算机、可编程逻辑控制器、其他电子设备，以及一个储藏收获水果的小容器，全部搭载在一个自主驱动的小车上	于默奥大学（瑞典）
4	利用机器视觉、卷积神经网络和机械臂进行猕猴桃机器人采收	Robotic kiwifruit harvesting using machine vision, convolutional neural networks, and robotic arms	2019/53	机器人由4个机械臂组成，每个机械臂都配备了一种新型末端执行器，用于安全收获猕猴桃。此外，提出了一种新颖的动态采摘调度系统，该系统已开发并用于在整个收获过程中协调4个臂的规划运动	奥克兰大学、怀卡托大学（新西兰）
5	自主草莓采收机器人：设计、开发、集成和现场评估	An autonomous strawberry-harvesting robot: Design, development, integration, and field evaluation	2020/54	开发了一种低成本的双臂系统，该系统具有优化的收获顺序，提高了效率并最大限度地降低了碰撞风险。还对现有的抓手进行了改进，使机器人能够直接拾取包装袋来盛放草莓，从而消除了重新包装的需要	挪威生命科学大学（挪威）

3. 作业操控技术

在高被引论文中，采收机器人作业操控技术方面的研究主题包括运动姿态控制硬件开发、运动姿态控制软件研发及运动路径规划研究。表3-25列出了作业操控技术相关高被引论文。在运动姿态控制的硬件方面，3篇论文均开发了视觉伺服控制系统。视觉伺服控制是机器人系统的重要控制手段，是采收机器人领域一项重要的研究方向，对于实现利用水果识别定位信息精准操控末端执行器具有重要意义。在运动姿态控制软件研发方面，遴选出的高被引论文主要研究了闭合视觉回路迭代和模糊控制。在运动路径规划方面，主要研究了 A-Star 算法和快速搜索随机树（RRT）算法，以及一种不使用任务动态数学模型的情况下可同时实现低轨迹跟踪误差和柔顺控制的柔顺运动基元（CMP）。

表 3-25　作业操控技术相关高被引论文

序号	中文标题	英文标题	发表年/被引频次	主要研究内容	作者机构（所属国）
1	柑橘收获机械手的视觉控制	Vision-based control of robotic manipulator for citrus harvesting	2014/92	开发了一种基于视觉的水果采收机器人估计与控制系统，所提出的协同视觉伺服控制器具有固定摄像机的大视场和手持摄像机（CiH）的精度等优点	佛罗里达大学（美国）
2	樱桃番茄机器人收获系统的设计与试验	Design and test of robotic harvesting system for cherry tomato	2018/34	机器人由立体视觉单元、末端执行器、机械手、水果采集器和轨道车辆组成。采用可在地面和轨道上移动的轨道车作为机器人的载体，使用视觉伺服装置识别和定位成熟果实	北京市农林科学院（中国）
3	密集植被中采收机器人的手眼感应和伺服控制框架设计	Design of an eye-in-hand sensing and servo control framework for harvesting robotics in dense vegetation	2016/47	报道了一种模块化的软件框架设计。创建了一组机器人操作系统（ROS）节点，实现了应用控制、机器人运动控制、图像采集、水果检测、视觉伺服控制和单眼相对深度估计及场景重建的同时定位和映射（SLAM）的功能	瓦格宁根大学（荷兰）
4	一种结合低成本立体视觉相机和机械臂的自动水果收获方案	A Proposal for Automatic Fruit Harvesting by Combining a Low Cost Stereovision Camera and a Robotic Arm	2014/58	开发了一种结合低成本双目视觉相机和机械臂的水果自动收获系统。相机用于估计水果的大小、距离和位置，而机械臂用于拾取水果	莱里达大学（西班牙）

（续）

序号	中文标题	英文标题	发表年/被引频次	主要研究内容	作者机构（所属国）
5	高效草莓采收机器人抓取器的设计与模糊控制	Design and fuzzy control of a robotic gripper for efficient strawberry harvesting	2015/33	针对草莓在夹具上的错位受力不均匀问题，提出了一种基于模糊控制器和适当抓取标准的分层控制方案	帕特雷大学（希腊）
6	基于物联网的樱桃番茄采收机器人	The Design and Realization of Cherry Tomato Harvesting Robot Based on IoT	2016/34	设计了一种基于图像识别和模块化控制的采收机器人来提高樱桃番茄的采收效率并降低其破损率。采用模糊控制技术对机械手的响应误差进行处理	贺州学院（中国）
7	温室番茄采收机器人的研制	Development of a tomato harvesting robot used in greenhouse	2017/37	温室番茄采收机器人由四轮独立转向系统、5-DOF收获系统、导航系统和双眼视觉系统组成	北京工业大学（中国）
8	基于快速搜索随机树（RRT）算法的智能荔枝采收机械手路径规划	RRT-based path planning for an intelligent litchi-picking manipulator	2019/39	提出了一种改进的快速搜索随机树（RRT）算法。通过建立机械手与障碍物的碰撞检测模型，进行避障路径规划。采用目标重力的思想加快路径搜索速度。为了优化RRT生成的路径，提出了一种遗传算法和平滑处理	华南农业大学（中国）
9	自主草莓采收机器人：设计、开发、集成和现场评估	An autonomous strawberry-harvesting robot: Design, development, integration, and field evaluation	2020/54	提出了一种新的障碍物分离算法，使收获系统能够采收位于簇中的草莓。该算法使用抓手推开周围的树叶、草莓和其他障碍物	挪威生命科学大学（挪威）

（续）

序号	中文标题	英文标题	发表年/被引频次	主要研究内容	作者机构（所属国）
10	基于演示和归纳统计学习的柔顺运动基元	Learning Compliant Movement Primitives Through Demonstration and Statistical Generalization	2016/37	提出了一种柔顺运动基元（CMP），编码位置轨迹和相关的扭矩曲线，且可从单个用户演示中学习。使用所提出的控制框架，即使需要高轨迹跟踪精度，机器人也可以保持顺从。还开发了一种统计学习方法，可使用现有 CMP 的数据库并计算新的 CMP，以适应新的任务变化	Jožef Stefan 研究所（斯洛文尼亚）

4. 动力平台技术

在采收机器人领域的高被引论文中，关于动力平台技术的研发较少，只有 3 篇。其中，2 篇论文设计了轨道式的移动行走平台系统、轨道车或移动底座，1 篇论文设计开发了 Ackerman 转向系统和激光导航路径跟踪系统，具体内容见表 3-26。

表 3-26　动力平台技术相关高被引论文

序号	中文标题	英文标题	发表年/被引频次	主要研究内容	作者机构（所属国）
1	温室番茄采收机器人的研制	Development of a tomato harvesting robot used in greenhouse	2017/37	介绍了一款由四轮独立转向系统，5-DOF 收获系统，导航系统和双眼视觉系统组成的温室番茄采收机器人	北京工业大学（中国）
2	樱桃番茄机器人收获系统的设计与试验	Design and test of robotic harvesting system for cherry tomato	2018/34	设计了一种新型采收机器人。该机器人由立体视觉单元、末端执行器、机械手、水果采集器和轨道车辆组成。采用可在地面和轨道上移动的轨道车辆作为机器人的载体	北京市农林科学院（中国）

（续）

序号	中文标题	英文标题	发表年/被引频次	主要研究内容	作者机构（所属国）
3	带电缆驱动抓取器的草莓采收机器人的研制与现场评价	Development and field evaluation of a strawberry harvesting robot with a cable-driven gripper	2019/44	机器人由安装在工业设备上的抓手组成，工业设备又与 RGB-D 摄像头一起安装在移动底座上	挪威生命科学大学（挪威）

5. 应用场景

不同果蔬作物的形状、大小、颜色、成熟度表现、在果柄或藤架上生长的形态、种植环境等都不同，因而相应的采收机器人设计、集成、图像识别技术和算法都不同，需要为每种或相近种类的作物开发专用采收机器人。目前，采收机器人已经在多种果蔬作物中得到应用研发。所筛选出的高被引论文中，涉及 20 种作物。最常见的应用品种是苹果，相关论文有 17 篇，其次是番茄 13 篇、辣椒/甜椒 11 篇。其他应用较多的品种还有柑橘、荔枝、葡萄、草莓、猕猴桃等。有 2 篇论文研究包括番石榴、梨和百香果。有 1 篇论文研究包括茄子、南瓜、苦瓜、丝瓜、卷心莴苣、香蕉、芒果、椰枣、橡胶。2012—2022 年在采收机器人领域高被引论文的果蔬种类分布，见图 3－23。

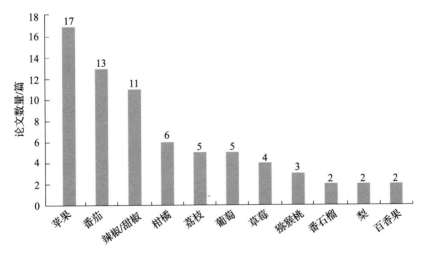

图 3－23　2012—2022 年在采收机器人领域高被引论文的果蔬种类分布

3.4.3　研究发展趋势

实现采收作业的自动化已成为农业生产发展的现实需求，对解决农业劳动力短缺、提高果蔬品质具有重要意义。采收机器人在农业果蔬生产中具有广阔的发展前景。采收机器人的相关研发设计在我国虽然起步较晚，但是发展十分迅速，近年来研究活跃，在国际上取得重要影响力。基于采收机器人领域近11年高被引论文的研究重点分析研判未来研发趋势如下。

一是采收机器人对象及环境识别技术快速发展，人工智能、深度学习推动图像处理技术日新月异，不断更新换代。水果自动检测是采收机器人的显著优点。然而，真实的复杂环境条件，如光照变化、树枝和叶片遮挡，以及果实重叠、晃动等导致图像处理过程中的大量干扰因素，对果实、果柄的精准定位、分类、无碰撞采收带来了巨大的挑战。机器视觉、图像处理及其相关算法的利用提高了采收机器人在复杂农业环境中的效率、功能、智能和远程交互性。特别是近年来，目标检测的发展在2015—2016年达到了一个高峰，众多传统计算机视觉算法已经被深度学习所替代。从R-CNN到Faster R-CNN，再到和其并驾齐驱的YOLO和SSD等技术，为采收机器人提供了更高效精准的图像识别能力。未来，以深度学习为基础，融合多种模型、网络、算法的各种新型图像处理技术预计将继续跨越发展，并在采收机器人领域快速应用，不断刷新提高果蔬采收的速度、准确率和应用范围，提高其商业可行性。

二是采收机器人的运动控制软硬件，包括末端执行器、机械臂、行走机构及操控系统等功能将不断优化。软体夹持器、仿人手指夹持器等末端执行器，多机械臂协同，基于新型算法的运动规划、导航和姿态控制技术，结合视觉的伺服控制技术是未来的研发热点。

三是目前专用的采收机器人已经适用于越来越多的作物品种。未来采收机器人通用功能模块的开发、系统集成技术、仿真模拟技术预计将不断突破，随着图像处理技术的融合和大量训练图集的开发，采收机器人将可用于更多的作物品种，通用性采收机器人也将逐渐得到关注。

第4章 植物工厂技术装备和采收机器人专利分析

4.1 引言

随着科学技术与社会经济的发展，以及现代工业化程度的普及，农业发展也从传统农业向现代农业发展，农业生产趋于自动化、工业化、智能化。所谓现代农业，其主要特征体现在广泛运用现代科学技术，由顺应自然变为自觉地利用自然和改造自然，由凭借传统经验变为依靠科学，成为科学化的农业。伴随着工业部门生产的大量物质和能量投入到农业生产中，以换取大量农产品，农业生产走向工业化。习近平总书记在2022年两会期间指出，"要树立大食物观。要向森林要食物，向江河湖海要食物，向设施农业要食物"。设施农业是近40年来快速发展的农业产业，目前产值占农业产值的1/3以上，在满足人们对肉、蛋、奶、菜、果等食物需求，促进农民增收，高效利用资源等方面做出了显著贡献。植物工厂技术装备是发展面向未来的智能设施农业的初级阶段，其通过设施内高精度环境控制实现农作物周年连续工业化生产的高效农业系统，是利用智能计算机和电子传感系统对作物生长的温度、湿度、光照、二氧化碳浓度等环境条件及营养液循环进行自动控制，是一种设施内作物的生长发育不受或很少受自然条件制约的省力型生产方式。采收作业机器人是农业现代化的关键技术之一。随着设施农业、精准农业等新兴农业的出现，计算机、传感器和自动化技术越来越多地被应用于农业生产活动中，采收作业机器人技术也伴随着图像处理技术、机器人技术的成熟化应用，作业能力越来越趋于智能化和精准化。采收作业机器人技术所解决的主要问题是对果蔬的识别和定位，同时在采收作业分离果实与植株时不损伤两者。采收作业机器人能够实现果蔬的精准采收，且工作过程对果蔬的损伤较小。由于采收环境复杂，作业对象特殊，采收作业机器人技术正逐渐向着具有行走能力、具有多种感知能力、具有较强的对作业环境的自适应能力的方向发展。

4.2　研究对象和方法

4.2.1　检索思路及技术分解

植物工厂技术装备检索式确定思路：首先明确植物工厂技术装备的范围和分类，通过对植物工厂技术装备各个分支进行关键词提取、关键词同义与近义词扩展、翻译词语拓展等手段，组合检索后得到植物工厂技术装备的检索式。

采收机器人检索式确定思路：在立题阶段，课题组为了制定符合研究需要的技术分解表，主要做了以下工作：①收集非专利文献资料，了解行业背景、行业发展状况和技术发展现状。收集的非专利文献主要包括行业的宏观报告、行业期刊发表的相关文章、相关的硕博论文、相关的最新国家和行业技术标准。②初步检索专利文献，对研究的专利文献量做初步的评估。

对采收机器人的研究包括对象及环境识别、末端执行器、作业操控技术和动力平台4个主要部分，并进行进一步细分技术点。对象及环境识别分为果实特征提取、环境识别、视觉传感及图像处理；末端执行器分为机械臂结构、机械手、驱动方式、切割方案；作业操控技术分为控制硬件和软件；动力平台分为导航、驱动与传动方式及平台行走方式。同时根据应用场景确定了以番茄、草莓、柑橘、苹果、食用菌、猕猴桃、茶叶采收为关键技术点来进行分析。

在对每个技术领域进行检索时，关键词一般采用了描述最基本技术特征且较为上位的用词，为保证查全，用描述更具体技术的特征和较为下位的关键词进行补充检索。

为保证检索数据查全、查准，在整个专利分析过程中，进行了反复多次地检索。为准确、全面地确定检索用关键词，除了与课题组内及组外的技术人员进行反复沟通，还采用检索的方式，先利用少量、准确的关键词检索得到相关专利，通过对这些相关专利的分析，再补充、完善检索用关键词。在得到全部分析用数据后，为验证检索数据是否查全，用几个重点申请人的申请人名称作为检索要素，检索到这几个重点申请人的全部专利申请数据，然后将利用该检索方法得到的专利申请数据与初步得到的全部分析用数据中涉及这几个重点申请人的专利申请数据进行比对，从而验证前期的检索查全率是否达到一定标准，并通过浏览不同检索策略遗漏的检索结果来进一步对检索用关键词进行补充、完善。

通过与相关技术专家沟通交流和资料收集整理，在充分了解植物工厂技术装备和采收机器人技术的框架和现状的基础上，初步划分了两项技术的技术领域分解，结合对检索结果的分析，兼顾专利文献特点，调整并完善了技术分解，最终形成了表 4-1 和表 4-2。

表 4-1　植物工厂技术装备的技术分解表

一级技术分支	二级技术分支
工厂化设施	单层、多层装置
	升降、旋转装置
	其他
环境及能源系统	温湿度监测及调控
	光环境监测及调控
	气体监测及控制
	气流监测及控制
	储热储能
	其他
栽培系统	水培
	雾培
	营养液栽培
	基质栽培（如岩棉）
	养耕共生
	其他耕作体系
生产作业装备	育苗
	种植
	水肥、营养液控制与施用
	空气净化及消毒
	采收、包装及物流
	其他

（续）

一级技术分支	二级技术分支
智慧管理系统	生长模型
	长势监测
	作物表型
	产量预估及监测
	品质分析及监测
	物联网、互联网、远程遥控
	其他
应用场景	叶菜
	药材
	瓜果
	花卉、牧草
	粮食（例如，水稻）
	其他

表 4-2　采收机器人的技术分解表

一级技术分支	二级技术分支	三级技术分支	检索式
对象及环境识别	果实特征提取	果实特征识别	TA_ALL：（（果实 OR fruit * OR Fructus or kernel and（identificati * or recogni * or OCRor RFID）））AND IPC：（A01D46）or IPC：（G06K9）or IPC：（C 07K）
		果实成熟度识别	
		果柄识别	
	环境识别	遮蔽	（（（环境 OR 遮蔽）AND 识别）OR TACD_ALL：（（环境 OR 遮蔽）AND 识别））AND IPC：（A01D46）
		光照	
	视觉传感技术	立体视觉系统	（（传感 OR sensor）OR TACD_ALL：（传感 OR sensor））AND TA_ALL：（视觉）NOT ALL_AN：（汽车）AND IPC：（A01D46）
		激光主动视觉	
		多光谱成像	
		CCD 彩色摄像识别	
		双目视觉	
		深度相机	
	图像处理算法	模糊神经网络	（（图像处理）OR TACD_ALL：（图像处理））AND IPC：（A01D）OR ALL_AN：（算法）AND IPC：（G06T）
		卷积神经网络	
		YOLOv3/v5	

（续）

一级技术分支	二级技术分支	三级技术分支	检索式
末端执行器	机械手	刚性	TA_ALL：（End effecto＊OR 末端执行器）AND IPC：（A01D）
		柔性	
		吸盘式	TA_ALL：（End effecto＊OR 末端执行器 AND 抓手）AND IPC：（A01D）
		仿生采摘	
		震动式	
		夹持式	
	驱动方式		TA_ALL：（末端执行器 OR End effecto＊）AND TA_ALL：（驱动）AND IPC：（A01D）
	切割方案		TA_ALL：（末端执行器 OR End effecto＊）AND TA_ALL：（切割 OR cut）AND IPC：（A01D）
	机械臂	桥架式	
		龙门式	
		直角坐标式	
		关节式	
		并联型	
		助力机械臂	
		人机协作	
		多机械臂协作	
作业操控技术	运动姿态控制硬件	陀螺仪	TACD_ALL：（伺服器 OR 陀螺仪）AND IPC：（A01D AND G05D）
		伺服器	
	运动姿态控制软件	路标检测	（（速度控制 OR 地图匹配）OR TACD_ALL：（速度控制 OR 地图匹配 OR GPS））AND IPC：（A01D46）
		作业速度控制	
		地图匹配	
		并行控制	（（并行控制 OR 单路控制 or 路径规划）OR TACD_ALL：（并行控制 OR 单路控制 or 路径规划））AND IPC：（A01D46）
		单路控制	
		TSP 访客背包规划算法	
		搜索路径规划	

（续）

一级技术分支	二级技术分支	三级技术分支	检索式
动力平台技术	平台作业路径规划导航	运动避障	（（动力平台 OR Dynamic platform OR 激光 OR 雷达 OR 卫星导航 OR 地磁导航 OR 视觉导航）OR TACD_ALL：（动力平台 OR Dynamic platform OR 激光 OR 雷达 OR 卫星导航 OR 地磁导航 OR 视觉导航））AND IPC：（A01D46）
		卫星导航	
		地磁导航	
		雷达	
		激光	
		视觉导航	
	平台行走方式	轮式	（（动力平台 OR Dynamic platform AND（履带式 OR caterpillar OR 轮式 OR wheel OR 轨道式 OR rotary））OR TACD_ALL：（动力平台 OR Dynamic platform AND（履带式 OR 轮式 OR 轨道式）））AND IPC：（A01D46）
		履带式	
		轨道式	
	平台驱动、传动方式	电动	（（动力平台 OR Dynamic platform AND（electric OR 电动 OR 油动 OR Oil OR hybrid））OR TACD_ALL：（动力平台 OR Dynamic platform AND（electric OR 电动 OR 油动 OR Oil OR hybrid）））AND IPC：（A01D46）
		油动	
		机械驱动	
		液压驱动	
应用场景	番茄采收		TA_ALL：（番茄 OR tomato）AND IPC：（A01D）
	草莓采收		TA_ALL：（草莓 OR strawberry）AND IPC：（A01D）
	柑橘采收		TA_ALL：（柑橘 OR citrus）AND IPC：（A01D）
	苹果采收		TA_ALL：（苹果 OR apple）AND IPC：（A01D）
	食用菌采收		TA_ALL：（食用菌 OR Edible fungus OR edible mushrooms）AND IPC：（A01D）
	猕猴桃采收		TA_ALL：（猕猴桃 OR Kiwi fruit）AND IPC：（A01D）
	茶叶采收		TA_ALL：（茶 OR tea）AND IPC：（A01D）

4.2.2　数据检索及术语约定

1. 数据检索

专利文献数据来自国家知识产权局中国专利文献数据库（CNPAT）、欧洲专利局专利文献数据库（EPODOC）、智慧芽全球专利检索系统，以及国内主流科技文献数据库等。

植物工厂技术装备数据库和全球专利数据库检索的截止时间为 2022 年 7 月 31 日，采收机器人数据库检索的截止时间为 2022 年 8 月 23 日。由于发明专利申请自申请日（有优先权的自优先权日）起 18 个月（主动要求提前公开的除外）才能被公布，实用新型申请在授权后才能获得公布，公布日的滞后程度取决于审查周期的长短，而 PCT 国际申请可能自申请日起 30 个月甚至更长时间之后才进入国家阶段（导致其相对应的国家公布时间更晚），并且在专利申请公布后再经过编辑而进入数据库也需要一定的时间，因此在实际数据中会出现 2021 之后的专利申请量比实际申请量少的情况。

2. 术语约定

（1）主要申请人名称约定　由于翻译或者存在子母公司，企业兼并重组等因素，在专利申请人的表述上存在一定的差异，因此对主要申请人名称进行统一，便于规范，见表 4－3。

表 4－3　主要申请人名称

约定名称	对应申请人名称及注释
松下 IP 管理公司	松下知识产权经营株式会社 Panasonic Intellectual Property Management Co., Ltd
CNH	凯斯纽荷兰（中国）管理有限公司 凯斯纽荷兰工业美国有限责任公司 CNH 美国有限责任公司 意大利凯斯纽荷兰股份公司
久保田	KUBOTA CORPORATION 株式会社クボタ

（续）

约定名称	对应申请人名称及注释
井关农机	井関農機株式会社 ISEKI
约翰迪尔	John Deere Deere
泰维空中机器人技术有限公司	Tevel

（2）专利术语解释　本节对反复出现的各种专利术语或现象，一并给出解释。

1）项。同一项发明可能在多个国家或地区提出专利申请，德温特世界专利索引（DWPI）数据库将这些相关的多件申请作为一条记录收录。在进行专利申请数量统计时，对于数据库中以一族（这里的"族"指的是同族专利中的"族"）数据的形式出现的一系列专利文献，计算为1项。一般情况下，专利申请的项数对应于技术的数目。

2）件。在进行专利申请数量统计时，例如，为了分析申请人在不同国家、地区或组织所提出的专利申请的分布情况，将同族专利申请分开进行统计，所得到的结果对应于申请的件数。1项专利申请可能对应于1件或多件专利申请。

3）专利被引频次。专利被引频次是指专利文献被在后申请的其他专利文献引用的次数。

4）专利族、同族专利。同一项发明创造在多个国家或地区申请专利而产生的一组内容相同或基本相同的专利文献出版物，称为一个专利族或同族专利。从技术角度看，属于同一专利族的多件专利申请可视为同一项技术。在本章节中，针对专利技术原创国分析时对同族专利进行了合并统计，针对专利在国家或地区的公开情况分析时对各件专利进行了单独统计。

4.3　植物工厂技术装备专利分析

4.3.1　植物工厂技术装备专利态势分析

1. 全球专利申请态势

截至2022年7月，植物工厂技术装备的全球专利文献共25000余件。通过

对植物工厂技术装备领域的全球历年专利申请分布情况的分析（图 4-1），
2000 年以来，植物工厂技术的发展经历了积累期、起步期和快速发展期 3 个
阶段。

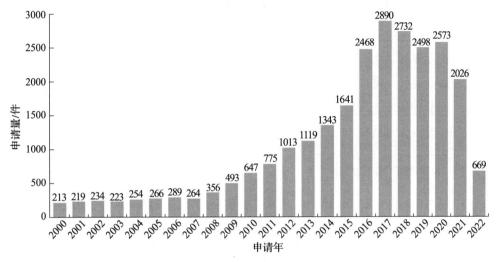

图 4-1　植物工厂技术装备领域的全球历年专利申请分布

第一阶段是积累期：2000—2008 年，伴随着传感、照明、计算机软硬件控制
等相关技术的不断成熟，植物工厂技术开始缓慢、平稳积累，每年相关专利申请
量达 200 余件。

第二阶段是起步期：2009—2015 年，植物工厂技术逐渐起步，每年以 100 件
左右的增量递增。这一发展趋势恰也顺应了植物工厂技术自 2009 年起在亚洲国家
开始兴起并快速发展的趋势。在亚洲国家中，日本对植物工厂的研究及建设起步
较早，早在 1989 年日本就成立了植物工厂学会，推动植物工厂的产业化发展；
2008 年开始，日本政府启动植物工厂发展计划，出资补助科研单位、企业和农
户；2009 年，日本已经建成 34 所人工光型植物工厂和 30 所太阳光型植物工厂，
截至 2018 年的统计数据，日本人工光型植物工厂数量已经达到 250 所。自 2009
年以来，植物工厂技术也在韩国迅速兴起，一些知名企业如 LG 集团加入植物工厂
关键核心技术的研发，其技术研发方向包括太阳光发电装置、播种到收获的自动化
装备、功能性植物的栽培技术，以及创新型栽培技术（如专利 KR101819500B1 配
备水培室的冰箱，提供了在冰箱内设置水培植物室的技术方案）。我国植物工厂
技术的研发和推广略晚，但发展迅速，2013 年我国将"智能化植物工厂生成技术

研究"列入"863 计划"，形成了包括立体多层无土栽培技术装备、人工光照明技术装备、智能环境控制技术装备、植物生产空间自动化管控技术装备等一批具有自主知识产权的核心关键成果，为后续的技术示范、标准化和规模化应用奠定了良好的技术基础。

第三阶段是快速发展期：2016—2020 年，每年相关专利申请量维持在 2500 件左右。2021 年和 2022 年的数据因为专利文献公开时间的滞后问题，未能显示出真实的申请量情况。随着各国对植物工厂相关技术的深入研究，与植物工厂相关的技术、产品和服务进入标准化、产业化和应用示范阶段，专利年申请量也随技术及市场的发展需求快速增长。

2. 中国专利申请态势

截至 2022 年 7 月，植物工厂技术装备领域的中国专利申请量为 14000 余件，申请趋势如图 4-2 所示。比较图 4-1 和图 4-2 可以看出，植物工厂技术装备在我国起步较晚，2009 年前每年的专利申请量不足 100 件，2007 年之前我国在植物工厂技术装备领域的专利申请量更是寥寥无几。自 2010 年开始，植物工厂技术装备领域的专利申请量呈现稳步增长态势。从 2015 年开始专利申请量持续增长，技术进入飞速发展期，我国申请的专利数量呈现出突飞猛进的增长态势，在 2017 年更是达到了申请量的峰值。2017 年科技部启动了"十三五"重点研发专项"用于设施农业生产的 LED 关键技术研发与应用示范"，为 LED 在植物工厂领域的

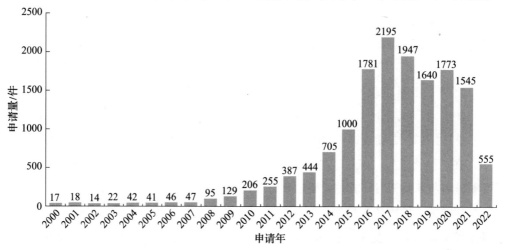

图 4-2　植物工厂技术装备领域的中国历年专利申请分布

应用提供技术支撑，LED 制造企业、垂直电商，如三安光电、京东方、富士康、同景新能源、京东等纷纷加入到植物工厂行业。截至目前，我国人工光型植物工厂数量超过 200 所，成为数量仅次于日本的植物工厂发展大国。

3. 专利类型

从专利类型的变化趋势来看（图 4 - 3），2009 年之前，发明专利占绝大比例，这和国外许多国家的专利制度中没有实用新型专利申请类型的因素有关。2009 年后，随着我国在植物工厂技术装备领域专利申请量的增加，实用新型专利数量占比逐年递增。

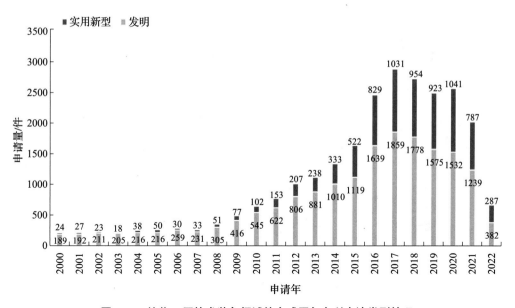

图 4 - 3　植物工厂技术装备领域的全球历年专利申请类型情况

4. 申请人区域分布分析

植物工厂技术装备领域的申请人区域分布情况如图 4 - 4 所示，专利申请原创技术排名前 5 的技术来源国家或地区依次是中国大陆、日本、美国、韩国和欧洲。其中，中国大陆申请人专利申请量最多，占全球专利申请量的一半以上。欧洲各国及通过欧洲专利局进行申请的专利数量较为相当。

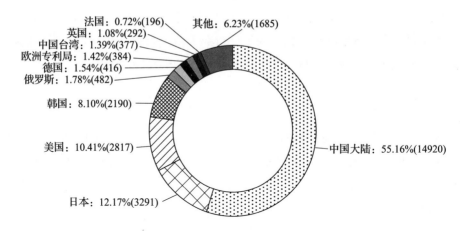

图4-4 植物工厂技术装备领域的申请人区域分布情况

5. 专利申请布局区域分布分析

植物工厂技术装备领域的专利申请布局区域分布情况如图4-5所示。目前，植物工厂技术装备领域专利申请的第一大目标市场是中国大陆，其次是日本、韩国、美国和通过世界知识产权组织提交的专利申请。

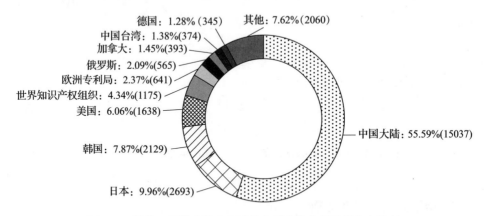

图4-5 植物工厂技术装备领域的专利申请布局区域分布情况

6. 五局专利申请流向分析

植物工厂技术装备领域的五局专利申请流向情况如图4-6所示。结合图4-5的专利申请布局区域分布情况不难看出，日本和美国在植物工厂技术装备方面有一定的海外布局量。我国是技术布局流入的热门目标市场国家之一，日本申请人和美国申请人在我国均有 100 件左右的专利布局量。

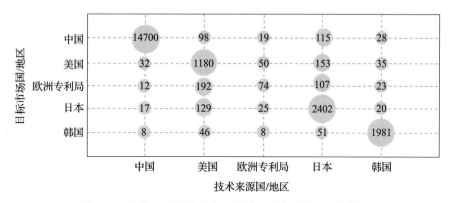

图 4-6　植物工厂技术装备领域的五局专利申请流向情况

7. 各省市申请排名情况

从图 4-7 可以看出，我国植物工厂技术装备领域的相关专利申请中，申请量较多的第一梯队的省份是江苏、广东和安徽。江苏省排名第 1 位，有 1430 件，江苏省内高校及科研院所的专利申请占据主导地位，如南京农业大学、江苏省农业科学院、江苏大学等都在该领域拥有一定的专利技术储备。广东省排名第 2 位，有 1366 件，华南理工大学、华南农业大学专利申请量较多，其次是广东省内高科技企业，如深圳春沐源控股有限公司、深圳市雅瑞安光电有限公司、佛山高明区菜花园农业科技有限公司等都在该领域拥有一定的专利技术储备。

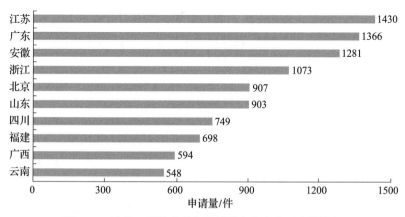

图 4-7　植物工厂技术装备领域的各省市专利申请排名

8. 主要申请人排名

通过对全球植物工厂技术装备领域的主要专利申请人分析统计，如图4-8所示，中国申请人在植物工厂技术装备领域的专利申请量较多，占据一半席位。排名前10的申请人中，福建省中科生物股份有限公司（中国）排名第1位，专利申请量为178件；松下知识产权经营株式会社（日本）排名第2位，专利申请数量为140件；四川农业大学（中国）排名第3位，专利申请量为132件。

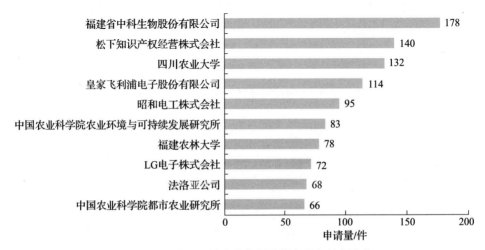

图4-8 植物工厂技术装备领域的主要专利申请人

位居首位的福建省中科生物股份有限公司（简称中科三安）创立于2015年，是由中国科学院植物研究所联手福建三安集团，发挥各自在植物学与光电技术领域特长成立的合资企业，是三安集团继光电子、光通信之后在光生物科技领域的核心布局。中科三安致力将LED光谱技术应用于生命科学领域，同中国科学院植物研究所联合成立光生物产业研究院，专注光生物学应用、室内农业人工智能技术、植物生长照明与环境控制等研究，为复杂的室内农业提供简单的解决方案，推动农业生产技术变革。

申请量排名第2位的松下知识产权经营株式会社（简称松下IP管理公司），从2012年开始布局人造光型植物工厂相关专利申请（JP5899451B2栽培系统），2014年开始销售植物工厂系统。松下IP管理公司凭借百年来积累的技术优势，将照明、空气循环、水循环技术、环境控制等技术完美结合，强势进入植物工厂领域，并于2017年在大连建成中国华录·松下电子信息有限公司（简称华录松下）植物工厂，是面积为 2430 米²的水培叶菜工厂，后又在苏州建成苏州松下植物工厂，是占地面积约为 1000 米²的人工光型植物工厂。

4.3.2　植物工厂技术装备主题分析

1. 各技术主题占比情况

根据植物工厂技术装备的技术分解表对检索得到的 2000—2022 年申请的全球专利进行统计分析，得到全球关于该领域的专利申请大致可以分为工厂化设施技术、环境及能源系统技术、栽培系统技术、生产作业装备技术、智慧管理系统技术及菜、药、粮食等应用场景的相关技术领域。

参考图 4-9，环境及能源系统占比 38%，主要包括温湿度监测及调控、光环境监测及调控、气体监测及控制、气流监测及控制、储热储能等技术。生产作业装备占比 22%，主要涉及育苗、种植、水肥/营养液控制与施用、空气净化及消毒、采收/包装/物流环节等装置。栽培系统占比 19%，主要涉及水培、雾培、营养液栽培、基质栽培、养耕共生等技术方向。智慧管理系统占比 11%，主要涉及作物生长模型、作物长势监测、作物表型、产量预估及监测、品质分析及监测，以及网络控制等技术方向。应用场景占比 6%，其中绝大部分是对叶菜类蔬菜的品质保证相关技术，其次是中药材的育苗及种植方法技术，然后是对季节性水果栽培、花卉栽培等方向的应用技术。

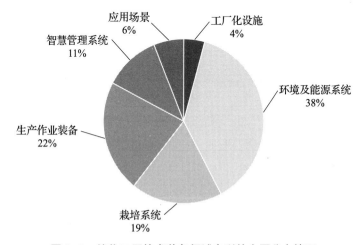

图 4-9　植物工厂技术装备领域专利的主题分布情况

植物工厂是多学科多技术的集成创新，发展植物工厂，使其不仅仅可以生产蔬菜、水果，也可以生产小麦、玉米、水稻等粮食物资。例如，专利CN112544422A介绍了一种通过室内种植谷类粮食作物，在人工光种植环境的调控下实现了水稻、玉米和小麦1年4~5熟，极大缩短了作物种植周期，提高了土地和水资源的利用率。我国还有中药材植物工厂，如中科三安的5000米²金线莲产业化生产线，参见CN206182008U金线莲水培植杯、CN106613827A一种金线莲工厂化栽培方法和栽培模组、CN210157748U一种省力型高产中药材种植系统等相关专利。贵重的中药材通过植物工厂来生产可以有效避免土壤、病虫害、农药的影响，避免了污染的可能性，提高药效，提升出口的检测成功率。此外，植物工厂还可以应用于边防、高海拔地区、太空，例如，边防线上的移动集装箱式植物工厂（参见CN215905116U组合式营养液箱及集装箱植物工厂、CN207093401U微型植物工厂水泵和风扇的控制模块等相关专利），通过在顶棚上安装太阳能板，光能转化为电能等技术为集装箱内的作物生长提供所需要的能源。

2. 热点技术主题分析

通过将专利技术分类号、技术分类及专利文献中的高频关键词结合分析，揭示植物工厂技术装备的热点技术主题（图4-10）。根据统计分析，高频且具有实质意义的关键词依次是湿度/潮湿、植物生长、植物栽培、光源、照明、二氧化碳、光合作用等。

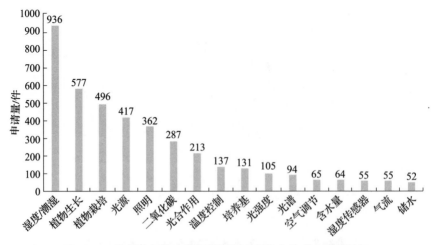

图4-10　植物工厂技术装备领域的专利热点技术主题关键词

在高频关键词中，照明及光相关参数的技术占比较大，通过研读专利不难发现，专利技术主要围绕光合作用、光环境调控、光能利用率等方向布局。典型专利，如中国农业科学院都市农业研究所的专利 CN113812275B 一种用于农业照明的多段式周期发光设备及照明方法，其通过在培育装置的轴体设置线性和环状结构不同的发光模块，且各个发光模块具有不同发射波长和/或发光颜色的发光单元，植物基于生长时自身的趋光性，使得彼此交错在不同栽培层上的植物均能最大限度地暴露于光照之下且接收比例合理、强度适宜的光照，以使其能够最大限度地保持竖直向上生长的优异生长状态。在光能利用率方面，昭和电工株式会社的专利 CN103687478B 植物栽培方法及植物栽培装置，提供了一种简便、能量转换效率良好、生长促进效果优异、利用人造光照射进行植物栽培的方法。提出了通过在一定期间内分别独立地对植物照射红照明光的步骤和对植物照射蓝照明光的步骤，促进植物生长的植物栽培方法。该植物栽培方法，通过交替照射红照明光和蓝照明光的简便手法，可以得到显著促进植物生长的效果。

在高频关键词中，温湿度、二氧化碳、气流、空气调节关键技术也是频繁出现，它们是对植物工厂室内环境监测、调控的重要参数，对植物进行光合作用、呼吸作用，以及水分、养分的吸收和传递都起到至关重要的作用。围绕环境系统监测及调控的典型专利，如松下知识产权经营株式会社的专利 CN108601326B 水分量观察装置、水分量观察方法及栽培装置，提供了一种通过不同波长参照光和测定光对植物叶片照射，探测经叶片分别反射的参照光、测定光的各反射光的光照强度，来计算叶片的相对含水率，以高准确率估计植物中包含的水分量，指导植物浇灌时间。在空气调节方面，松下知识产权经营株式会社的专利 CN104244703B 植物栽培中的空气调节装置，提供了一种仅对植物栽培所必需的空间进行空气调节控制及二氧化碳气体浓度管理策略，由此减少空气调节负荷，对于植物，是可通过向植物整体均匀地供给风及二氧化碳气体而抑制蒸腾差别的空气调节装置。

智慧管理系统的相关专利所涉及的高频词虽未在图 4 - 10 中出现，但通过研读有关温湿度监测及调控、光环境监测及调控、气流及二氧化碳等调控，以及营养液智能化施用等方面的专利，多有涉及农业物联网技术、远程监控系统，环境数据收集、追溯管理，以及蔬菜生长各阶段的定点拍照分析、环境监控等智慧农业常见的技术。智慧管理系统因其采用大量的传感器如温湿度、光照等传感器，以及摄像头、控制器等，加之融合网络传输及远程调控技术，使得植物工厂的产能效率进一步提升。在植物工厂全封闭或半封闭的环境中，对人工气候因子的控制，最为重要的莫过于温湿度调控。此外，人工光的使用，会产生大量的热量，需要对温湿度实施实时监测、及时反馈、联调温度、通风等系统化管理手段。植物工厂技术装备中常见的传感器有：空气温湿度传感器、基质温湿度传感器、液体温湿度传感器、光照度传感器、水流传感器、液位传感器、二氧化碳传感器、氧气传感器、TVOC 传感器、营养液浓度 EC 传感器、酸碱度 pH 传感器等。例如，CN213338467U 一种自动控制培养液酸碱度的智能植物工厂监控系统，CN111165331B 一种智能雾培种植装置，CN108601326B 水分量观察装置、水分量观察方法及栽培装置，US20170127622A1 农业环境控制智能控制/物联网系统等专利，都较好地展示了智慧管理系统对植物工厂人工气候环境的调控方案。

4.3.3　主要申请人专利分析

1. 福建省中科生物股份有限公司

（1）公司简介　福建省中科生物股份有限公司（简称中科三安）创立于2015 年，由中国科学院植物研究所联手福建三安集团，发挥各自在植物学与光电技术领域特长成立的合资企业，是三安集团继光电子、光通信之后在光生物科技领域的核心布局。

中科三安致力将 LED 光谱技术应用于生命科学领域，同中国科学院植物研究所联合成立光生物产业研究院，专注光生物学应用、室内农业人工智能技术、植物生长照明与环境控制等研究，为复杂的室内农业提供简单的解决方案，推动农业生产技术变革（图 4-11）。

（2）专利布局情况　中科三安作为国内领先的设施农业企业，具有深厚的LED 光谱技术优势，其隶属的福建三安集团很早就涉足光电行业，三安光电股份公司（2008 年在上海证券交易所成功上市）是国内成立最早、规模最大、品质最好的全色系超高亮度 LED 新品研发与产业化龙头企业。这为中科三安的植物照明产品奠定了深厚的技术基础。中科三安不仅在植物照明方面技术突出，在栽培装备、植物光配方、营养液配方和植物生长发育调控、智能化装备与环境控制、植物工厂整体解决方案等领域都取得了突破性进展。图 4-12 显示了中科三安专利技术在全球的布局情况。

图 4-11　中科三安植物工厂技术装备示意图

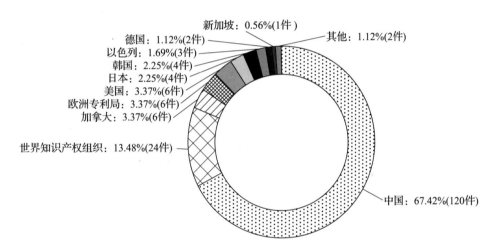

图 4-12　中科三安植物工厂技术装备专利技术的全球化布局情况

　　中科三安在全球范围内布局其植物工厂技术装备，特别是在植物工厂技术较为发达的日本、韩国及美国等有较为均等的专利技术布局策略。通过技术构成不难看出（图 4-13），其核心技术重点在于光源、栽培和生产控制等方向。据公开资料报道，中科三安开发出满足不同植物生产发育的 80 余种专用光配方、5 大类 100 余种植物照明灯具。此外，中科三安在中药材工厂化种植方面也有一定数量的专利技术布局及一定规模的产业化发展。其中，金线莲工厂化栽培相关技术就有 20 项专利。金线莲人工培养方式主要有土培和水培两种，土培主要是以泥炭土、河沙等为主要种植基质，这种方式培育的金线莲普遍存在适应性较差、生长周期长、易出现病虫害、成活率低等问题，限制了金线莲规模化生产；金线莲较适宜水培，尤其适合工厂化栽培的方法，可以较好地克服野外种植金线莲易受光照、季节温湿度等自然条件影响的劣势，解决金线莲不宜连作的缺陷；同时，以工厂化方式栽培金线莲有利于提高金线莲幼苗成活率、植株生长速率和产量，保障品质稳定性。例如，中科三安在日本、中国均有布局的专利JP2022516767A、JP2022518259A提供了金线莲全人工光栽培所需的光环境调节方案，CN206182008U、CN206182030U、CN111543328A等专利提供了金线莲定植、组培等装置的设计方案，有效提供了避免植株倒伏、提升芽苗存活率的技术方案。

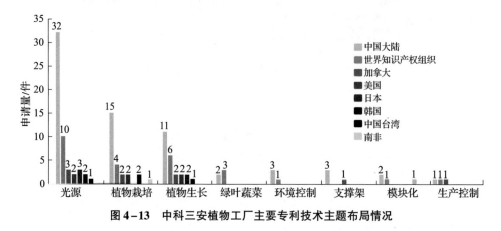

图4-13 中科三安植物工厂主要专利技术主题布局情况

（3）重点专利 经过专利研读，根据被引用次数及专利家族数量筛选出部分代表性专利（表4-4、表4-5）。

表4-4 依据被引用次数筛选的中科三安重点专利

专利公开（公告）号	被引用次数	专利标题	公开（公告）日
CN106900505A	20	一种大麻的人工光环境栽培方法	2017-06-30
CN109644721A	13	一种室内栽培植物的光源	2019-04-19
CN109496813A	9	一种三色堇、角堇类花卉的室内水培方法	2019-03-22
CN106922506A	7	一种烟草的人工光环境栽培方法	2017-07-07
CN109496812A	7	一种矮生石竹花卉的室内人工光水培方法	2019-03-22
CN108488656A	6	LED植物照明灯具模组和灯具模组箱	2018-09-04
CN109699341A	6	多功能育苗装置	2019-05-03
CN109997549A	6	一种面板式组合植物灯	2019-07-12
CN110521566A	5	一种调控植物代谢物质的光环境调控方法	2019-12-03
CN111642262A	5	一种控制植物生长的方法	2020-09-11

表 4-5　依据专利家族数量筛选的中科三安重点专利

专利公开 （公告）号	专利家族 数量	专利标题	公开 （公告）日
EP3557119B1	18	Optical apparatus for plant illumination and plant cultivation apparatus comprising said optical apparatus	2022-03-02
US11246274B2	16	Planting device，multilayer stereo-planting system and planting system of plant factory	2022-02-15
WO2019157889A1	12	LED plant lighting lamp module	2019-08-22
US11382282B2	12	Multifunctional seedling culturing apparatus	2022-07-12
EP3895523A4	10	Panel-type combination grow light	2022-09-28
WO2020087986A1	9	Seedling raising block	2020-05-07
EP3868197B1	9	Planting box without need for construction	2022-05-11
US20220087111A1	8	Lighting method for promoting plant growth，plant lamp and application thereof	2022-03-24
US20220095545A1	8	Light source for indoor plant cultivation	2022-03-31
US20220128220A1	5	Multiple reflection panel lamp	2022-04-28

2. 松下知识产权经营株式会社

（1）公司简介　松下知识产权经营株式会社（简称松下 IP 管理公司），为负责管理、维护及运用松下集团拥有的专利等知识产权的一家公司。松下 IP 管理公司目前在我国专利布局近 12000 余件，其中超过 10% 的早年申请是从松下电器产业株式会社、松下电工株式会社转移到松下 IP 管理公司的。

松下 IP 管理公司依托松下集团的技术研发优势，其专利技术领域主要集中在发光装置、照明系统、控制系统、显示装置、制冷系统等。同时，这些核心技术也较好地被集成于其对植物工厂技术装备的开发与应用中。

（2）专利布局情况　通过对松下 IP 管理公司植物工厂技术装备相关专利进行分析，得到其技术主题分布及全球化技术布局情况如图 4-14～图 4-16 所示。可以看出，松下 IP 管理公司在人工光植物工厂方面技术积累丰厚，其在照明、空气循环、水循环、环境控制等技术方面都有长久的产业技术及专利技术的积累。

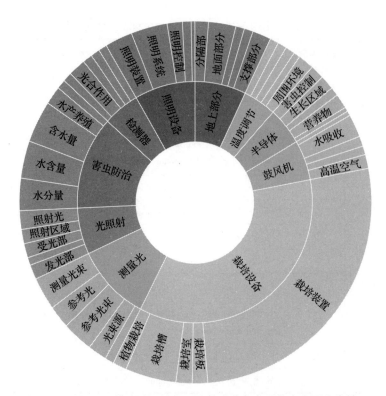

图4-14 松下IP管理公司植物工厂技术装备专利技术主题分类情况

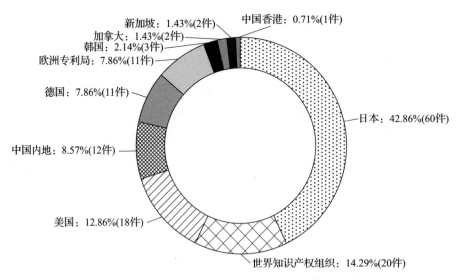

图4-15 松下IP管理公司植物工厂技术装备专利技术的全球化布局情况

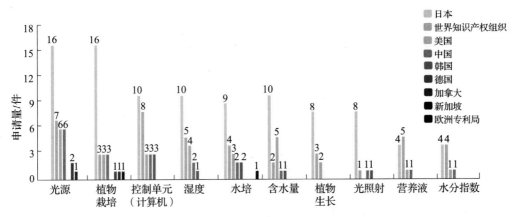

图 4-16　松下 IP 管理公司植物工厂主要专利技术主题布局情况

　　松下集团在中国设有研究并开发植物工厂技术的合资公司，中国华录·松下电子信息有限公司（简称华录松下）。华录松下成立于 1994 年 6 月 10 日，由中国华录集团和日本松下电器出资兴建。建立之初，产品定位中就包括了植物工厂项目。2014 年 10 月，松下电器在中国大连开始研究开发植物工厂并且定位两个目标群。一是在大连建成植物工厂，面向 B2B 的餐饮店、宾馆等提供即食蔬菜，二是面向 B2C 的一般消费者提供智能种植柜。2017 年，华录松下建成能够进行量产的植物工厂，生产并销售叶菜类蔬菜（生菜、小松菜、水菜、羽衣甘蓝等）。华录松下的智能种植柜是集成了松下电器水培、LED 人工光、物联网技术的面向消费者的产品。通过检索华录松下的专利，检索到与植物工厂系统相关的专利 11 件，全部是与图 4-17 所示的种植机产品相关的专利技术，包括对种植机内空气及温度的环境控制的专利，如 CN208191573U 一种应用于蔬菜种植机的恒温风道系统，CN207626296U 空气温度、营养液温度双控的种植机；改善种植机水槽循环和清洁功能的技术方案，如 CN208211115U 蔬菜种植机的抽屉式对接水槽结构，CN210298907U 一种应用于蔬菜种植机的水循环储液槽，CN208581645U 蔬菜种植机伸缩对接管结构；还有提升营养液施用能效的自动化技术，如 CN210928797U 一种植物工厂用多层立体自动补水育苗架，CN208609596U 虹吸循环式营养液蔬菜种植机。

　　（3）重点专利　经过专利研读，根据被引用次数及专利家族数量筛选出部分代表性专利（表 4-6、表 4-7）。

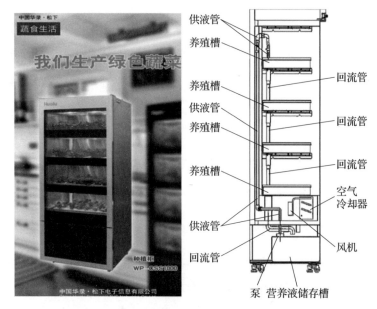

供液管
养殖槽
养殖槽
供液管
养殖槽
养殖槽
回流管
回流管
回流管
空气冷却器
供液管
回流管
风机
泵 营养液储存槽

图 4-17 华录松下种植机实物产品及专利技术附图

表 4-6 依据被引用次数筛选的松下 IP 管理公司重点专利

专利公开（公告）号	被引用次数	专利标题	公开（公告）日
US20140318012A1	75	Plant growing device	2014-10-30
US20130298445A1	24	Insect pest disinfestation lighting system	2013-11-14
JP2015053882A	15	水耕栽培装置	2015-03-23
JP2013158277A	12	观察栽培植物的栽培系统	2013-08-19
WO2017047024A1	11	Plant growing device	2017-03-23
WO2017208765A1	9	Moisture content observation device, moisture content observation method and cultivation device	2017-12-07
US20180049421A1	9	Pest control apparatus	2018-02-22
JP2017205072A	8	植物栽培装置	2017-11-24
US20180132435A1	7	Hydroponic cultivation apparatus	2018-05-17
JP2016042816A	6	植物育成装置	2016-04-04

表 4-7　依据专利家族数量筛选的松下 IP 管理公司重点专利

专利公开 （公告）号	专利家族 数量	专利标题	公开 （公告）日
JP6653451B2	17	植物水分评价装置及植物水分评价方法	2020-02-26
EP3410098B1	16	Device for observing water content, method for observing water content, and cultivation device	2022-02-23
CN108601326B	15	水分量观察装置、水分量观察方法及栽培装置	2021-06-22
EP3023005B1	13	Hydroponic cultivation apparatus and hydroponic cultivation method	2018-08-22
CN107846853B	13	水培装置	2020-09-22
JP6327560B2	10	水培栽培方法和水培栽培装置	2018-05-23
CN106163264B	10	水耕栽培装置及水耕栽培方法	2019-07-12
US10349588B2	10	Hydroponic apparatus	2019-07-16
EP3414996B1	10	Hydroponic device	2021-02-03
EP3425372B1	10	Device and method for observing a water content in a leaf or part of a plant	2022-01-19

4.3.4　小结

1）通过对全球 2000—2022 年植物工厂技术装备领域的专利技术检索分析可以看出，植物工厂技术越来越受到关注，专利申请量逐年增加，总体呈上升趋势。2016 年开始，每年的专利申请量在 2000 件以上，发展势头较为强劲。

2）我国在植物工厂技术装备领域起步晚于国外，2009 年前专利申请量每年不足 100 件，2010 年开始呈现追赶之势，在短时间已处于领先地位。目前，我国的专利申请量已经占据了全球申请量的一半以上。

3）中国、日本、美国是全球重点布局市场，中国申请人在海外技术布局相对较少。

4）在全球申请人排名中，中国申请人较为突出，其次是来自日、韩的申请人。其中福建省中科生物股份有限公司专利申请量最多，其后依次是松下知识产权经营株式会社和四川农业大学分列第 2、第 3 位。

5）在各关键技术主题中，环境及能源系统、生产作业装备、栽培系统等植物工厂相关的基础性技术的专利布局较多。其中，高频关键词主要集中在湿度/潮湿、植物生长、植物栽培、光源、照明、二氧化碳、光合作用、气流、空气调节等，专利技术主要围绕光合作用、光环境调控、光能利用率、环境系统监测及调控等方向的布局较多。

6）从主要申请人的专利布局来看，中科三安处于国内领先地位，但海外布局相较于海外头部企业松下IP管理公司略显薄弱，在重点专利的被引用频次上也还有一些差距。中国已经成为植物工厂专利技术的主要布局市场，中国企业除在本国持续技术创新外，还是需要完备布局海外市场，以减少或避免拓展海外市场过程中面临的技术壁垒挑战，以及因缺少专利保护而引发的知识产权纠纷。

4.4 采收机器人专利分析

4.4.1 采收机器人技术专利态势分析

自1968年美国学者首次将机器人技术应用于果蔬采收，经过50年的研究与发展，农林业收获装备经历了从半自动化的采收机械到全自动的采收机器人的发展。目前，美国、日本、英国和荷兰等发达国家都展开了农林业采收机器人方面的研究，主要涉及的采收对象有苹果、番茄、草莓和茶叶等。

我国在农业采收机器人方面的研究起步较晚，但近年来发展势头迅猛并获得丰硕成果。国内许多科研院所已设计出试验样机，同时也提出了许多关键技术理论，但总体较国外研究仍存在一定差距。

采收机器人的专利布局如何？本部分内容分析全球采收机器人领域的专利概况，重点研究采收机器人领域整体和各技术分支的专利申请趋势、专利技术输出地分布及技术流向、专利申请人分布等。通过对采收机器人领域全球专利概况的分析梳理，有助于对工业机器人领域的总体了解，掌握各技术分支的发展变化和研发热点，使国内本行业的创新主体了解竞争对手，尤其是海外竞争对手的专利布局。

本部分内容检索数据的下载日为2022年8月23日，本报告将采收机器人技术分解为对象及环境识别、末端执行器、作业操控技术和动力平台4个主要部分，同时根据作业对象确定了番茄、草莓、柑橘、苹果、食用菌、猕猴桃和茶叶采收为应用场景关键技术点进行分析。2000—2022 年，全球采收机器人技术专利申请量为 18324 件。如图 4–18 所示，采收机器人专利申请量总体呈现逐步上扬、伴有阶段性回落的态势。从专利申请量发展来看，自 1968 年机器人首次应用于果蔬采收至 2000 年有关采收机器人专利申请缓慢增长的近 30 年中，采收机器人领域年专利申请量从几件缓慢增长到几十件，该阶段属于采收机器人技术发展的萌芽阶段。2000—2010 年，随着计算机技术、现代控制技术、传感技术、人工智能技术的发展，研发成果也相继产业化，采收机器人步入第一个快速发展期，年专利申请量从 2000 年的 30 件跃升到 2010 年的 578 件。1968—2010 年，完成了采收机器人从欧美技术原创国向日本的产业转移。借助日本政府和大专院校的支持和帮助，工业机器人制造商及传统农业机械用户进行广泛合作，使得采收机器人技术在引入日本后迅速进入实用阶段，培养出了一批国际知名的生产企业。但随着20 世纪 90 年代前后的经济衰退，日本的采收机器人产业出现了短暂的低迷期，其专利申请量也持续低迷，国际市场继而又重新回归了欧美市场。

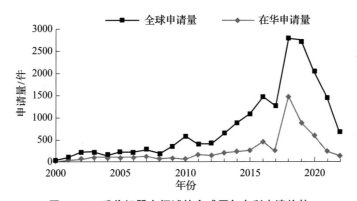

图 4–18　采收机器人领域的全球历年专利申请趋势

2000 年以来，日本及欧美国家为寻找新的经济增长点，谋求更广阔的市场而走出低谷，纷纷将目光投向以中国为代表的新兴市场，转移技术和产能，专利申请量也一直保持快速增长的态势。

2010—2020 年，人工智能与计算机视觉、先进的机器人技术、航空工程、飞行数据和数据融合及感知技术的快速发展，推动了采收机器人的蓬勃发展。美国、荷兰、日本涌现出专注于采收机器人制造的 Fieldwork Robotics、Crux Agribotics、App Harvest、Inaho 公司。2017 年在以色列成立的 Tevel 公司，将飞行机器人开发用于水果采收。2021 年 Tevel 公司受到久保田的青睐，获得 2000 万美元的风险投资。

4.4.2 采收机器人技术主题分析

1. 对象及环境识别技术总体分析

（1）专利技术申请趋势总体分析　采收机器人对象及环境识别技术是机器人在农业领域应用发展到一定阶段的产物，充分体现人们在采收环节全面追求效率的新一代工业机器人。2000—2022年，采收机器人对象及环境识别技术的专利申请量呈现总体增加、伴有阶段性回落的态势，截至2022年，该方面的专利申请总量为6012件。从图4-19中可以看出，早在2000年就已经出现了关于采收机器人对象及环境识别技术的专利申请。2000—2006年，该方面专利申请量的整体趋势是逐渐上升的，2006年前每年的专利申请量在个位数上徘徊，2007—2014年每年的专利申请量略有增长，2015年的专利申请量呈现了明显的增长势头，出现了第一个明显的申请高峰。随后，专利申请量逐年增长，并在2019年达到最高峰。

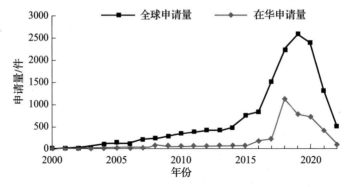

图4-19　采收机器人对象及环境识别技术的全球历年专利申请趋势

从专利申请量发展趋势来看，采收机器人对象及环境识别技术在全球范围内的专利申请经历了一个波动式增长的发展过程，大致可以分为以下3个阶段。

1）萌芽期（2000—2006年）。2000—2006年，虽然每年都有专利申请，但总体数量不多。采收机器人对象及环境识别技术处于起步阶段，相关技术还处于开发初期，多数相关企业或研究机构正处于基础研究和实验室论证状态。

2）缓慢发展期（2007—2014年）。随着采收机器人的优势逐渐被人们认识，各企业和研究机构对采收机器人的技术研究也逐渐加大力度，对象及环境识别技术随着采收机器人的发展而缓慢发展起来。2007—2014年，每年的专利申请量缓慢增加，保持在十几到100多件。申请人和发明人逐渐增加，加入研究的企业和机构也不断增多，研发队伍不断壮大，逐渐积蓄开发力量。

3）快速发展期（2015年至今）。由于对象及环境识别技术使采收机器人的控制水平大幅度提高，控制精度也大幅度提升，能够满足产业上对采收机器人操作越来越精细、越来越灵活、越来越快速的要求，同时生产制造领域对成本、劳动力、安全性等方面的要求也不断提升。在此期间，对象及环境识别技术的果实特征提取、环境识别、视觉传感、图像处理算法等生产技术日趋完善，更多的技术研究重点落在了控制程序、3D视觉重构方式、数据处理等方面，对象及环境识别技术的研究开发偏重软件方面的研究。

从图4-19中可以清晰地发现，该方面的专利在华申请量始终与全球申请量保持相对稳定的距离，两条曲线走势基本一致，说明在华申请量在全球申请量中所占比重也是逐渐稳步增长。萌芽期，在华申请量占全球申请量的比重平均为10%。缓慢发展期，在华申请量占全球申请量的比重平均为20%。而到了快速发展期，在华申请量占全球申请量的比重持续走高，在2018年达到峰值，从19%一路飙升到55%。这表明采收机器人对象及环境识别技术在经历了20多年的发展之后已经日趋成熟，各大企业或研究机构对对象及环境识别技术在海外市场的专利技术布局日趋完善，市场份额相对固定，逐渐将发展重心收回到本国，更加重视本国市场。

（2）技术构成　全球采收机器人对象及环境识别技术的专利申请量累计达6012件，其中图像处理算法相关专利申请1456件、视觉传感技术相关专利申请616件、果实特征提取相关专利申请2710件、环境识别相关专利申请1230件（图4-20）。从专利申请量的构成可以看出，当前果实特征提取是对象及环境识别技术中专利申请量最多的技术分支，占据总专利申请量的近一半（45%），这说明果实特征提取已成为对象及环境识别技术生产和研究中的主流。

（3）来源国家与目标国家/地区分析　由图4-21可知，中国、日本、美国是采收机器人对象及环境识别技术专利的主要目标国家，各国申请人的首要目标国家均是自己所在国家。荷兰、日本、美国、韩国申请人除在本国申请大量专利外，还在其他国家/地区申请了一定量的专利。以日本和美国为例，日本申请人主要布局在美国、中国及欧洲各国，美国申请人与日本申请人相比，还重点布局在韩国这一新兴技术国家，这明显反映出其在韩国市场的战略意图。

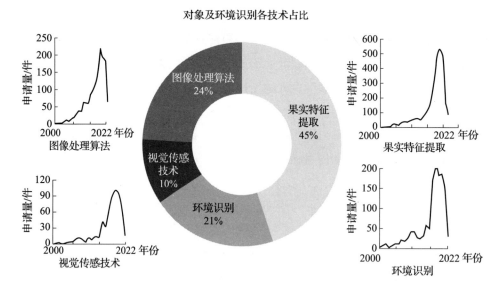

图4-20 全球范围内采收机器人对象及环境识别技术专利二级分支占比

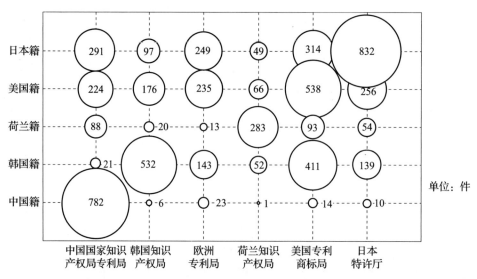

图4-21 采收机器人对象及环境识别技术专利来源国家与目标国家/地区

值得关注的是，以上他国申请人实施专利布局的共同特点是：相对于在其他国家/地区的专利布局，其均在中国存在中等甚至偏上的专利布局，可见中国采收机器人市场对世界各企业的吸引力。而反观中国，虽然中国申请人在本国的申请量并不少，但是在其他各国的专利布局均较少，尚未形成成熟的专利布局，这对中国采收机器人对象及环境识别技术竞争这些国家的市场是相当不利的。海外专利布局是企业走出国门、积极参与国际竞争的重要体现,我国在具有相应的技术实力之后应积极进行技术布局。

(4) 主要申请人　采收机器人对象及环境识别技术全球专利的主要申请人如图 4-22 所示。从中可以看出,排名前 5 的申请人中日本企业占据了 3 席,分别为第 1 位的井关农机株式会社、第 3 位的佳能株式会社及第 4 位的株式会社久保田,且井关农机株式会社的专利申请量高达 199 件,这反映了日本在采收机器人对象及环境识别技术上的传统领先地位。在排名前 5 的申请人中,我国高校有 2 家,其中西北农林科技大学更是跃居第 2 位,专利申请量达 168 件,这得益于我国国内高校对专利申请的重视和对技术研发的先进性。紧随日本企业之后的美国申请人 APP Harvest、Fieldwork Robotics 在采收机器人细分领域优势技术的基础上,也积极开展对象及环境识别技术的研究。

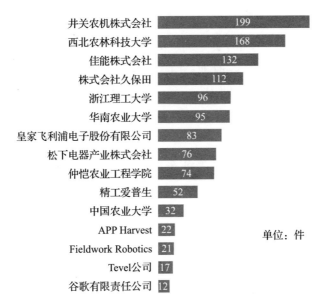

图 4-22　采收机器人对象及环境识别技术全球专利的主要申请人

2. 末端执行器技术总体分析

(1) 专利技术申请趋势　末端执行器是采收机器人发展的关键技术之一。全球采收机器人末端执行器技术的专利申请总量是 1426 件,总体上呈现增长态势(图 4-23)。数据表明,从 2000 年开始,采收机器人末端执行器技术的相关专利申请量呈逐步上升态势，2000—2012年，采收机器人末端执行器技术呈急剧发展趋势，这一时期可以说是采收机器人末端执行器技术的发展和技术储备期。

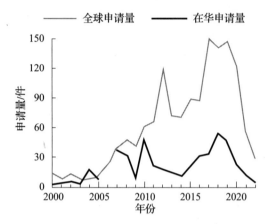

图4-23　采收机器人末端执行器技术全球历年专利申请趋势

但是2012—2015年这几年的专利申请量开始呈现稳定波动状态，同期专利申请人数量也呈下降趋势。这一时期，由于世界采收机器人发展进入相对平稳时期，世界主要工业国家市场趋于饱和，经济发展出现波动，而末端执行器技术作为采收机器人中的常用技术，也随着工业发展状况而波动，因而导致这一时期专利申请量的波动。

从2015年开始，一方面，随着电子工业、计算机软硬件、网络通信和图像处理算法等技术的飞速发展，机械控制、电气及材料技术日益更新，新的传感器、控制器、控制软件和机器人等先进系统的不断推出，使得采收机器人末端执行器技术变得更加先进与复杂，末端执行器技术也日臻成熟，末端执行器的质量和精度获得进一步提高。高端末端执行器大部分掌握行业巨头手中，一批落后的中小企业逐渐落伍被淘汰。另一方面，在全球化浪潮中，新兴国家的机器人行业开始兴起，并开始大量使用新一代末端执行器技术。各大企业为了谋求市场，开始在新兴发展中国家进行专利布局。尤其是中国等发展中国家机器人行业的兴起，有更多的力量投入末端执行器技术的研发，该段时期以中国为代表的新兴国家的专利申请量又开始稳步增长。

未来随着采收机器人在新兴市场经济体的大量使用，新技术将不断应用和完善，相信末端执行器技术的研发和专利申请在新兴市场经济体地区还会有增长的态势，从而也会进一步影响全球的专利申请态势，使得全球专利申请量在一定时期内保持一个稳定的水平。

（2）技术构成　采收机器人末端执行器涉及多个方面，主要包括驱动方式、切割方案、机械手、机械臂。从图 4-24 可以看出，在专利申请量方面，机械手相关专利申请量为 738 件。机械手作为影响采收效果的主要因素，占据了采收机器人末端执行器专利申请量的 52%。随着采收机器人向更多采收品种方向发展，机械手作为影响采收精度和效率的关键技术，可以预测其所占的比重会越来越大。在专利申请总量 1426 件中，驱动方式与切割方案的相关专利申请量分别为 243 件、182 件，分别占比 17%、13%。

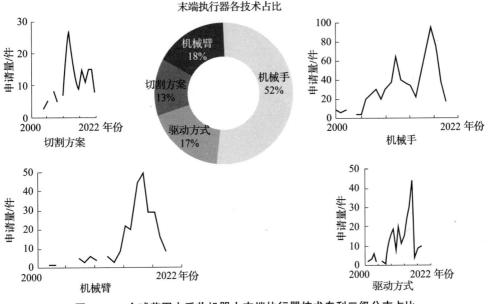

图 4-24　全球范围内采收机器人末端执行器技术专利二级分支占比

（3）来源国家与目标国家/地区分析　中国专利申请的国外申请人主要来自日本、美国、欧洲各国和韩国，这与采收机器人的生产能力相吻合（图 4-25）。可见，采收机器人末端执行器技术传统强国在抢占中国这一新兴市场时，均非常重视借助专利布局提高竞争力，实现市场和技术的双重垄断。日本素有"工业机器人王国"之称，而日本企业又一贯重视亚洲市场，因此日本申请人很早就开始在中国进行专利布局。日本申请人在 1985 年以来各时期的中国的专利申请量均领先于其他国外申请人。美国作为第 1 台工业机器人的诞生地，偏重理论研究，并且非常重视在中国布局专利。伴随着中国采收机器人需求的增长，美国在中国的专利布局明显加快，其在中国的采收机器人末端执行器专利申请量大幅增加。可见，美国申请人不仅在采收机器人末端执行器领域具备雄厚的研发实力，其对于新兴市场的敏感度和投入力度也超过其他国家。荷兰作为欧系机器人的申请人，虽然较早开始在中国进行专利布局，但其布局的力度却逊色于美国和日本。另外，韩国采收机器人产业虽然起步晚，但发展速度很快，在短短的10年内形成了自己的采收机器人体系，高效地实现了从技术引入国到技术输出国的转变，虽然韩国申请人在中国进行专利布局的时间较晚，但其专利申请量增长很快。

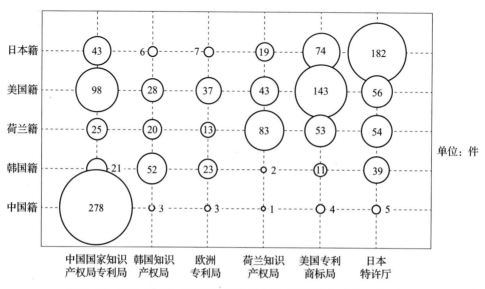

图4-25　采收机器人末端执行器技术专利来源国家与目标国家/地区

（4）主要申请人　如图4-26所示，上海节卡机器人科技有限公司专利申请量最多，有57件，包括发明专利40件、实用新型专利17件，其中有9件发明专利采用"一案双申"的策略，同步申请了实用新型专利。我国专利申请量居前的企业还有苏州博田自动化技术有限公司，共申请13件。西北农林科技大学作为国内较早研究该行业的院校，其申请了54件，其中实用新型专利30件、发明专利24件。江苏大学、南京工程学院、华南农业大学、浙江大学、南京林业大学、浙江工业大学的专利申请量也位居前位。与西北农林科技大学的专利构成类似，国内大学的专利申请中含有较高比例的实用新型专利。国外的井关农机株式会社共申请24件，均为发明专利。日本企业在国外专利申请人中实力总体较强，株式会社久保田、电装的专利申请量分别为19件、7件。美国季华实验室、道格图斯科技有限公司、斯坦福研究院分别申请专利22件、11件和8件。

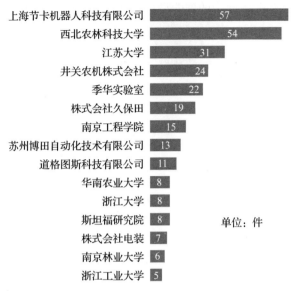

上海节卡机器人科技有限公司　57
西北农林科技大学　54
江苏大学　31
井关农机株式会社　24
季华实验室　22
株式会社久保田　19
南京工程学院　15
苏州博田自动化技术有限公司　13
道格图斯科技有限公司　11
华南农业大学　8
浙江大学　8
斯坦福研究院　8　　　　单位：件
株式会社电装　7
南京林业大学　6
浙江工业大学　5

图 4-26　采收机器人末端执行器技术全球专利的主要申请人

3. 作业操控技术总体分析

（1）专利技术申请趋势　全球作业操控技术的专利申请总量为 1881 件（图 4-27）。在该方面的全球专利申请始于 1991 年，最初 10 年处于缓慢发展阶段，申请量较少且几乎仅为本国申请，一方面由于企业的主要市场集中在本国境内，另一方面由于技术尚未完全成熟。但随着技术的发展，虽然专利申请量增长缓慢但多变申请比例显著增加，可见企业希望通过多国申请占领其他国家市场，在 2012 年专利申请量爆炸式增长且多国申请量进一步增加，说明这些年作业操控技术领域的研究和创新处于高度活跃期。2020—2022 年由于专利的公开滞后，存在一定的数据误差，但从趋势来看这几年的专利申请量仍将保持较高值，预示着采收机器人作业操控技术的研发仍在如火如荼地进行中。

中国采收机器人作业操控技术的研究在 20 世纪 90 年代就已经开始，但专利申请自 2001 年才开始且至今申请量一直较少，究其主要原因在于核心技术掌握在国外领先企业手中，国内研发相对处于起步阶段。作业操控技术方面的专利申请量在 2017—2018 年开始显著增加，一方面由于采收机器人的需求量增大，因而作为采收机器人不可缺少的作业操控技术研发和创新增多；另一方面，国外企业对于中国市场的重视程度越来越大，积极开展专利布局，经过多年技术消化吸收所涌现出的具有研究和创新能力的作业操控企业也积极进行专利申请，保护自主知识产权。

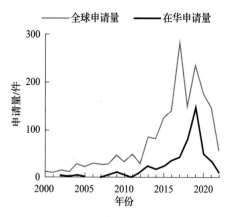

图4-27　采收机器人作业操控技术全球历年专利申请趋势

（2）技术构成　采收机器人作业操控技术包括运动姿态控制硬件、运动姿态控制软件。从图4-28可以看出，在专利申请量方面，控制软件多于控制硬件，控制软件相关专利申请量为1086件，控制硬件相关专利申请量为795件。

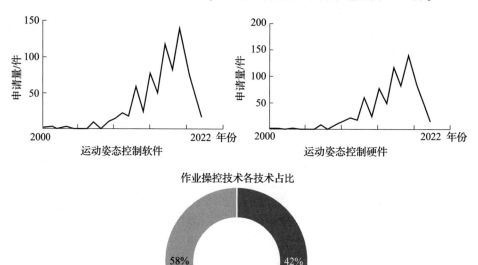

图4-28　全球范围内采收机器人作业操控技术专利二级分支占比

（3）来源国家与目标国家/地区分析　通过对全球专利数据的分析发现，作业操控技术的专利申请来源国主要是中国、美国、日本、德国、韩国（图 4-29）。其中，中国申请人的专利申请量最大，多达 523 件，这得益于中国作业操控技术的快速发展；其次是传统的农业机器人技术强国美国和日本，二者并驾齐驱；再次为欧洲申请人。中国、美国是主要目标国家；其次是日本和欧洲地区。

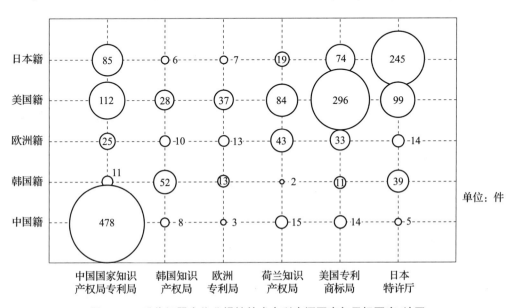

图 4-29　采收机器人作业操控技术专利来源国家与目标国家/地区

（4）主要申请人　纵观全球专利申请量排名前 15 的主要申请人（图 4-30），可以发现其主要有 4 种类型：传统机器人上游材料生产商、传统农机生产商、大学科研机构和新晋采收机器人部件供应商。其中 ABB、发那科为传统机器人上游材料生产商，久保田、凯斯纽荷兰这 2 家公司均属于传统农机生产商，从一个侧面反映出传统制造企业对采收机器人作业操控技术的研发重视；Harvest、Blue Leaf、Inaho 株式会社等均属于新晋采收机器人部件供应商，其中 Harvest、Inaho 株式会社、Tevel 公司均是以采收机器人为主要业务的公司；在大学研究机构中西北农林科技大学、阿肯色大学董事会、中国农业科学院农业信息研究所较为关注相关技术的研发；阿尔斯波国际公司作为软件研发公司，在采收机器人领域具有较为丰富的专利储备。

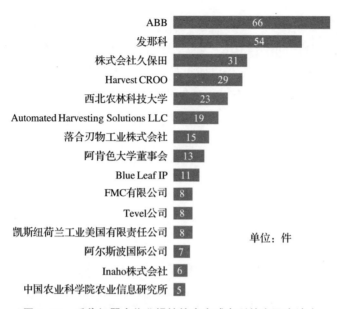

图4-30 采收机器人作业操控技术全球专利的主要申请人

4. 动力平台技术总体分析

（1）专利技术申请趋势 全球动力平台技术的专利申请总量是1780件（图4-31）。数据表明，采收机器人动力平台技术的相关专利申请量呈稳步上升态势，2000—2012年，该方面的专利申请量一直较少，属于动力平台技术的萌芽期；2012—2018年，动力平台技术的专利申请量逐年上升；2019年达到了发展的高峰，至今动力平台技术稳步发展。总体来说，采收机器人动力平台技术的发展态势良好。

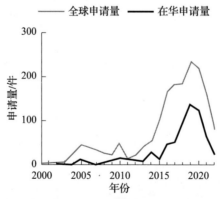

图4-31 采收机器人动力平台技术全球历年专利申请趋势

　　未来随着新技术的不断应用和完善，以及采收机器人的大量使用，相信采收机器人动力平台技术的专利申请在相当长的时期内仍然会保持稳定增长的态势。

　　（2）技术构成　采收机器人动力平台技术涉及多个方面，主要包括平台驱动、传动方式和行走方式。从图4-32可以看出，在专利申请量方面，平台行走方式相关专利申请量为149件、平台驱动与传动方式相关专利申请量为247件。

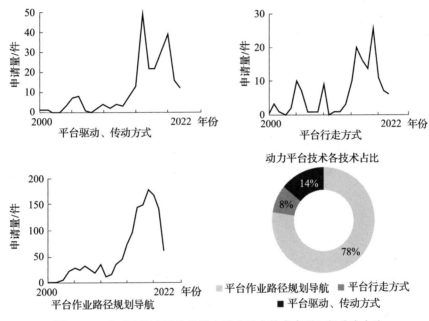

图4-32　全球范围内采收机器人动力平台技术专利二级分支占比

　　（3）来源国家与目标国家/地区分析　从图4-33可以看出，美国是最大的技术输出国，其除了注重本国市场外，最关注的海外市场是中国；其次是欧洲地区和日本。日本企业非常重视本国市场，在稳固本国市场份额的前提下也非常注意开发海外市场，它们把美国作为其企业发展的主要地区，着力在美国进行完善、全面的专利布局。同时，它们还把眼光盯在了传统经济活跃地区欧洲及中国。澳大利亚对各国的专利布局相对平衡。

　　（4）主要申请人　从全球专利申请量来看（图4-34），以色列Tevel公司占据领先优势。传统农业机械优势公司迪尔、久保田、洋马专利申请量均处于前列。浙江工业大学、西北农林科技大学在专利申请量上体现出我国的研发实力。纵观全球申请量排名前15的重要申请人，可以发现以Tevel、Inaho、蓝河技术有限公司等新晋企业的崛起，与传统农业机械公司齐头并进。

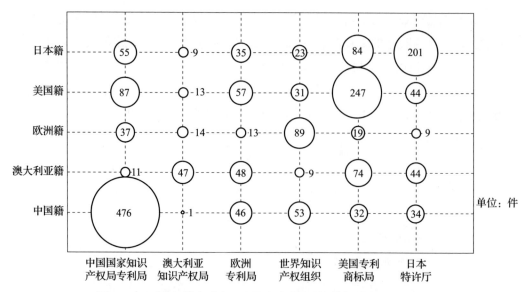

图4-33 采收机器人动力平台技术专利来源国家与目标国家/地区

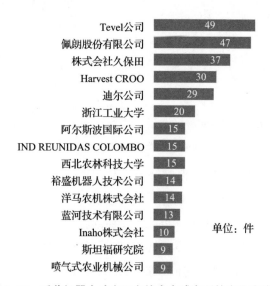

图4-34 采收机器人动力平台技术全球专利的主要申请人

5．应用场景

（1）专利技术申请趋势 全球采收机器人应用场景的专利申请总量是7225件（图4-35）。

（2）技术构成　采收机器人应用场景涉及多个方面，主要包括番茄、草莓、柑橘、苹果、食用菌、猕猴桃及茶叶采收（图 4-36）。从图 4-37 可以看出，在专利申请量方面，茶叶采收相关专利申请量为 3462 件，苹果、草莓、番茄采收相关专利申请量分别为 1255 件、931 件、784 件；其次为柑橘、猕猴桃、食用菌采收，相关专利申请量分别为 504 件、225 件、64 件。

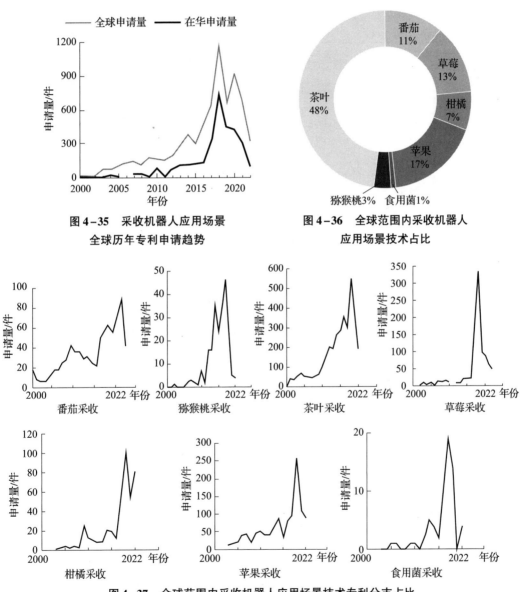

图 4-35　采收机器人应用场景
全球历年专利申请趋势

图 4-36　全球范围内采收机器人
应用场景技术占比

图 4-37　全球范围内采收机器人应用场景技术专利分支占比

（3）来源国家与目标国家/地区分析 通过对全球专利数据的分析发现，应用场景技术的专利申请来源主要是中国，其次是美国、日本、欧洲和韩国（图4-38）。其中，美国、日本企业非常重视全球专利布局，日本在本国外的最重视美国市场专利布局。而美国在本国外的布局专利相对均衡，韩国、中国、日本、欧洲是其主要目标国。中国最关注的海外市场是日本、美国和韩国。

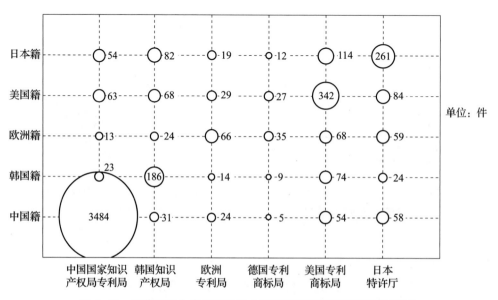

图4-38 采收机器人应用场景技术专利来源国家与目标国家/地区

（4）主要申请人 如图4-39所示，在应用场景技术领域茶叶采收专利申请竞争较为激烈，前3位均为日本企业，其中落合刃物工业株式会社专利申请量最多，有183件。西北农林科技大学在猕猴桃采收技术领域专利申请量遥遥领先。四川农业大学、浙江工业大学、华中农业大学在柑橘采收技术领域专利申请量处于前3位，分别为23件、10件、7件。西北农林科技大学、陕西科技大学及个人发明人方孙典在苹果采收技术领域专利申请量较多，分别为49件、45件和13件。在食用菌采收技术领域，湖州锐格物流科技有限公司以5件专利申请量位居第1位。久保田非常重视草莓采收技术领域的专利申请，浙江工业大学、浙江理工大学位居其后。美国企业非常重视番茄采收技术领域的专利申请，FMC有限公司、加利福尼亚大学董事会专利申请量最多，分别位居第1、第2位。

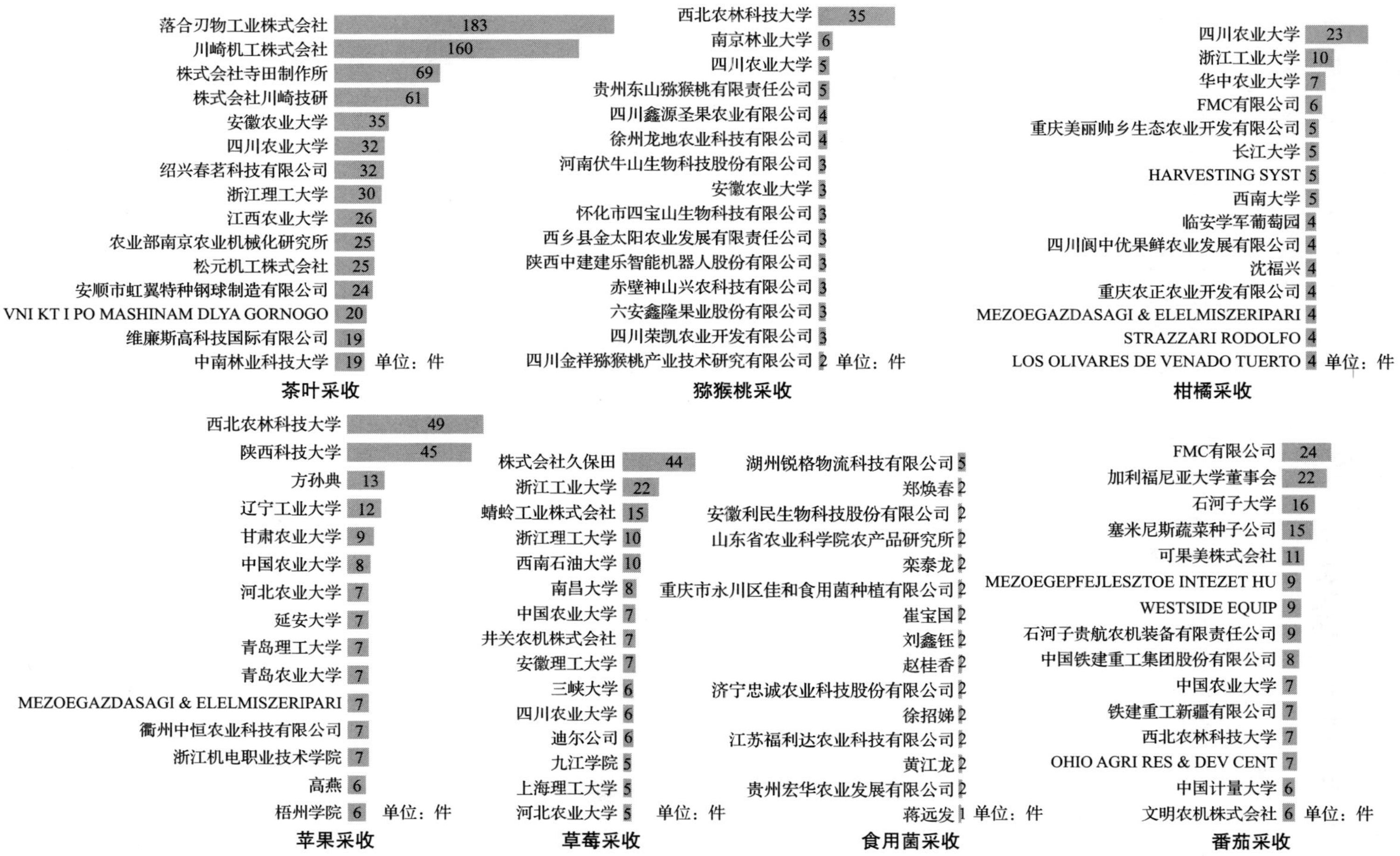

茶叶采收 （单位：件）

申请人	数量
落合刃物工业株式会社	183
川崎机工株式会社	160
株式会社寺田制作所	69
株式会社川崎技研	61
安徽农业大学	35
四川农业大学	32
绍兴春茗科技有限公司	32
浙江理工大学	30
江西农业大学	26
农业部南京农业机械化研究所	25
松元机工株式会社	25
VNI KT I PO MASHINAM DLYA GORNOGO	24
安顺市虹翼特种钢球制造有限公司	20
维廉斯高科技国际有限公司	19
中国林业科学研究院	19

猕猴桃采收 （单位：件）

申请人	数量
西北农林科技大学	35
南京林业大学	6
四川农业大学	5
贵州东山猕猴桃有限公司	5
四川鑫源圣果农业有限公司	4
徐州龙地农业科技股份有限公司	4
河南伏牛山生物科技有限公司	3
安徽农业大学	3
怀化市四宝山业科技有限公司	3
西乡县金太阳山业发展有限责任公司	3
陕西中建建乐智能机器人股份有限公司	3
赤壁神山兴农果业股份有限公司	3
六安鑫隆果业开发有限公司	3
四川金祥猕猴桃产业技术研究有限公司	2

柑橘采收 （单位：件）

申请人	数量
四川农业大学	23
浙江工业大学	10
华中农业大学	7
FMC有限公司	6
重庆美丽乡生态农业开发有限公司	5
长江大学	5
HARVESTING SYST	5
西南大学	5
临安华军葡萄园	4
四川阆中优果鲜农业有限公司	4
沈福兴	4
重庆农正农业开发有限公司	4
MEZOEGAZDASAGI & ELELMISZERIPARI	4
STRAZZARI RODOLFO	4
LOS OLIVARES DE VENADO TUERTO	4

番茄采收 （单位：件）

申请人	数量
FMC有限公司	24
加利福尼亚番茄董事会	22
石河子大学	16
塞米尼斯蔬菜种子公司	15
可果美株式会社	11
MEZOEGPFEJLESZTOE INTEZET HU	9
WESTSIDE EQUIP	9
石河子贵航农机装备有限责任公司	9
中国铁建重工集团股份有限公司	8
中国农业大学	7
铁建重工新疆有限公司	7
江苏福利达农业科技有限公司	7
OHIO AGRI RES & DEV CENT	7
中国计量大学	6
文明农机械式会社	6

苹果采收 （单位：件）

申请人	数量
西北农林科技大学	49
陕西科技大学	45
方孙典	13
辽宁工业大学	12
甘肃农业大学	9
中国农业大学	8
河北农业大学	7
延安大学	7
青岛理工大学	7
青岛农业大学	7
MEZOEGAZDASAGI & ELELMISZERIPARI	7
衢州中恒农业科技有限公司	7
浙江机电职业技术学院	7
高燕	6
梧州学院	6

食用菌采收 （单位：件）

申请人	数量
湖州微格物流科技有限公司	5
安徽利民生物科技股份有限公司	2
郑焕春	2
山东省农业科学院农产品研究所	2
栾泰龙	2
重庆市永川区和食用菌种植有限公司	2
崔宝国	2
刘鑫钰	2
赵佳香	2
济宁忠诚农业科技股份有限公司	2
徐招娣	2
江苏福利达农业科技有限公司	2
黄江龙	2
贵州宏华农业发展有限公司	2
蒋远发	1

草莓采收 （单位：件）

申请人	数量
株式会社久保田	44
浙江工业大学	22
蜻蛉工业株式会社	15
浙江理工大学	10
西南石油大学	10
南昌大学	8
中国农业大学	7
井关农机株式会社	7
安徽理工大学	7
三峡大学	6
四川农业大学	6
迪尔公司	5
九江学院	5
上海理工大学	5
河北农业大学	5

图4-39 不同应用场景的采收机器人全球专利的主要申请人

4.4.3　主要申请人专利分析

1. 发那科

（1）公司简介　发那科（FANUC）是世界领先的研发和生产数控系统、工业机器人及自动化工厂的公司，1956 年成立，总部位于日本的富士山。自 1974 年发那科首台工业机器人问世以来，其在机器人的研发和生产方面积累了丰富的经验，截至 2021 年，发那科机器人产品系列多达 240 种（图 4-40），负重从 0.5 千克到 1.35 吨，满足装配、搬运、焊接、铸造、喷涂、码垛和采收等不同生产环节，是名副其实的机器人王国。

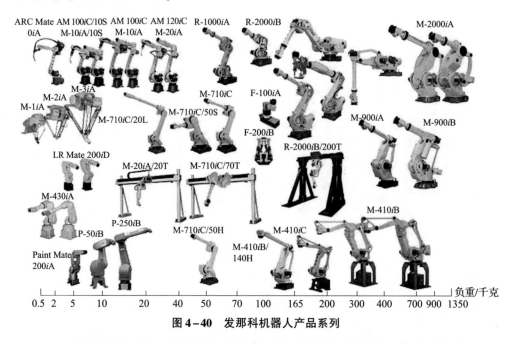

图 4-40　发那科机器人产品系列

（2）技术发展历程　发那科大量借助通用汽车的机器人技术发展其自身的工业机器人技术，主要体现通用发那科的专利申请主要针对工业生产中的机器人技术，且一般只在公司所在国家进行申请，而发那科通常会基于通用发那科的相关申请，提取其中通用的机器人技术，或者在其基础上进行通用性改进形成可普适于工业机器人领域的技术，并对这些技术进行专利保护，同时对其进行持续的改进和专利申请。另外，发那科对于这些技术不仅仅在日本和美国进行专利申请，同时在其他各主要工业机器人市场，如欧洲、韩国等进行申请。通过上述策略，发那科将通用发那科中针对汽车自动化生产研发的技术转化为自身的工业机器人技术，并且在尽可能大的范围内寻求保护，从而抓住汽车制造产业自动化升级的机遇，迅速突破和掌握了工业机器人领域的各项关键技术，一跃而成为全球工业机器人的领导者。

（3）专利布局情况   通用发那科的技术研发主要集中在机器人的腕部结构、手臂结构、物体的视觉识别及控制系统等方面。

1）腕部结构。采收机器人的腕部是臂部和手部的连接件，起支承手部和改变手部姿态的作用，是采收机器人的关键部件之一，采收机器人的灵活性在很大程度上要依靠腕部结构来加以实现，腕部的承重、自由度等性能参数直接关系着机器人的整体加工能力和适用范围。

发那科在进入采收机器人领域时，依靠其在数控方面强大的技术实力取得了机器人控制技术方面的领先，但是在机器人的其他关键技术领域发展相对滞后，不仅与世界主流的机器人企业存在差距，与日本本土的川崎和日立之间的竞争也处于下风。而发那科通过通用发那科与通用汽车开展合作，借助通用汽车乃至整个美国机器人工业的强大基础，开展持续研发，大大补强了在这些方面的短板，其中在腕部结构的技术研发和改进及专利保护方面比较具有代表性。

通用发那科的专利申请中有 3 项与机器人腕部结构密切相关，即"堆放模式计算装置及堆放装置"（申请号 CN201710128050.1，2017 年），"切断方法和切断系统"（申请号 JP2016199384，2016 年）及"人协动型的机器人系统"（申请号 JP2016069666，2016 年）。

2）物体的视觉识别。视觉识别是发那科在工业机器人领域的核心技术和领先技术之一。在其众多有关视觉识别技术的专利申请中，有多项引用了通用发那科的一项专利，即"自动确定物体位置和姿态的方法和系统"（申请号 US19850741123，1985 年），其是通过 3 台相机对物体的位置和姿态进行实时地识别。发那科后续发展的 3D 视觉技术基本上也是在上述结构的基础上进行的研发和改进。而通过进一步的追踪，发那科的这一技术依托了通用汽车于 1985 年申请的一项专利"视觉物体定位装置"（申请号 US19770777011），经过技术迭代申请了"一种基于视觉识别技术的动态分拣系统"（申请号 CN201821913321.0，2018 年），通过两个光源和一个摄头区分物体相对于背景的轮廓从而识别物体的位置和方向，主要应用于采收机器人对目标物体进行定位和姿态识别。

随着透视效应造成的视觉失真，使得距离摄头较远的位置定位精度大幅降低。基于上述问题，通用发那科在其"取得机器人的控制坐标系中的视觉传感器的位置的装置、机器人系统、方法及计算机程序"（申请号 JP2020071864，2020年），"自动确定物体位置和姿态的方法和系统"中，采用了同样的物体识别原理，同时将双光源单摄头的传感器结构改进为三光源三摄头的结构，从而实现了 XYZ3 个方向上的 3D 定位和姿态识别，为提高识别精度打下了良好的基础。同时作为工业机器人的通用技术，发那科后续在该技术方案的基础上进行了后续的改进和进一步研发，在发那科的众多采收机器人产品中也均有体现。

3）控制系统。控制技术和控制算法一直是发那科的强项。例如，发那科申请的一项名为"控制装置及学习装置"的专利（申请号 JP2017153684，2017年），其在传统的控制器上增加了一个包括一个速率不同的积分器的乘法器与之并行操作。因为集成是速率可变的，由此产生的控制系统具有一个不可分割的位置控制，因此也就没有积分饱和和随后的过冲问题，进而减小了机器人动态操纵控制中的稳态误差，与传统的 PD 和 PID 控制相比，其建立时间更快，抗噪声比也更优秀。此外，因为控制是在集成中以速率可变的方式进行，可以大幅减少控制错误，从而不会牺牲系统的动态性能。

通过进一步分析发现，发那科的这一技术是在其控制技术（专利申请"工业机器人的控制系统"，申请号 US19810294797，1981 年）的基础上，结合了通用汽车的控制技术（专利申请"自适应伺服电机控制器"，申请号 US19840609779，1984年）改进而来的。其中控制算法的基本架构是由发那科前述的专利申请而来，而在乘法器上集成积分器与之并行运行的发明构思继承于通用汽车的上述专利申请，发那科在此基础上将积分器的速率改进为可变的，从而获得了前文所阐述的技术效果。

从上述分析可以看出，发那科在自身擅长的领域也持有开放的学习态度，并通过更为严密和策略性的专利申请给予了完善的保护。

2. Tevel 公司

（1）公司简介　以色列 Tevel（Tevel Aerobotics Technologies）公司成立于 2016 年，正致力于在今年内销售其首款自主采果机器人无人机。久保田已向该项目投资 2000 万美元，以帮助实现这一目标。Tevel 公司已经开发出一种能飞的自主机器人，称为 FAR。这种机器人利用人工智能识别和采收成熟的水果，并且能够每天 24 小时不间断的工作。它将计算机视觉与人工智能、数据融合与感知、航空工程、先进机器人技和先进的飞行控制相结合。

　　该机器人使用人工智能感知算法精确定位树木，使用视觉算法区分树叶中的水果，并对其大小和成熟度进行分类。高度的灵活性使机器人能够收获多种水果，包括鳄梨、苹果、梨和橙子。在识别出成熟的水果后，FAR 机器人确定接近水果的最佳方式，同时在采摘臂抓取水果时保持飞行稳定。同时 Tevel 公司的水果采收机器人不仅以低成本提供高性能，还致力于修剪和细化功能，可以进入树梢，并在狭窄或山区种植园等复杂的地形下工作。

　　（2）专利布局情况　Tevel 公司在采收机器人领域共申请专利 86 件，年专利申请呈平稳上升态势（图 4–41）。

　　从 Tevel 公司采收机器人技术全球专利关键词统计出现频次结果（图 4–42）可以看出，无人机采收机器人操控核心的控制装置、精准识别算法是 Tevel 公司

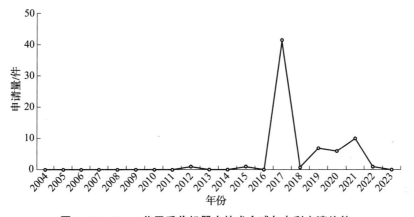

图 4–41　Tevel 公司采收机器人技术全球年专利申请趋势

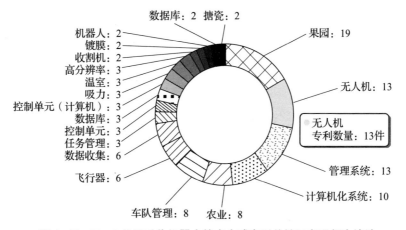

图 4–42　Tevel 公司采收机器人技术全球专利关键词出现频次统计

研发和专利申请的主要方向。同时，偏重产业应用的各种控制单元、数据库也是其研发与专利保护的重点，体现了 Tevel 公司在研发上突出重点、兼顾全面的特点。这给我国企业这样的启示：要成长为一流的国际化企业，在发展前期应当着力培养自身的在某些重要技术方向上的绝对技术优势，在发展中后期应秉承"扬长避短、兼容并蓄"的发展模式，不断发展自我、完善自我。

4.4.4 小结

随着设施农业、精准农业等新兴农业的出现，计算机、传感器和自动化技术越来越多地被应用于农业生产及图像处理技术与控制理论的发展，采收技术逐渐商用化。我国采收机器人领域的国内专利申请量增长迅猛，在 2018 年后，我国专利申请量几乎已经占到全球专利申请量的一半左右，但深入分析我国的专利申请结构，发现仍以实用新型居多。在专利布局方面，在我国布局最多的为日本籍申请人，其次为美国籍申请人，值得关注的是我国在海外还未进行专利布局，这对我国走出去是很大的挑战。

在对象及环境识别技术的分布方面，国内和国外均以果实特征提取的专利申请为主，在对应用场景技术分支的具体分析来看，我国重点关注茶叶的特征提取，而国外更集中在苹果、草莓、番茄的特征提取。在末端执行器技术方面，国内、国外均聚焦于机械手和机械臂两个部件的研发；与此同时，我国在驱动方式、切割方案等方面申请专利较多。在作业操控技术领域中，国外企业占有较大优势，我国企业在该技术分支中虽然具有一定的技术储备，但是由于这几项技术成熟度高，在研发多样性和创新性上与国外企业有一定差距。在动力平台技术方面，我国企业已经开始具有一定的专利技术储备，也达到了一定的专利布局效果。

综上，未来采收机器人技术的发展趋势为：一是采收机器人操作机结构的优化设计技术，探索新的高强度轻质材料，进一步提高负载/自重比，同时机构向着模块化、可重构方向发展。二是机器人控制技术，重点研究开放式、模块化控制系统，人机界面更加友好，语言、图形编程界面正在研制之中，采收机器人控制器的标准化和网络化已成为研究热点。三是多传感系统，为进一步提高采收机器人的智能性和适应性，多种传感器的使用是问题解决的关键，研究热点为有效可行的多传感器融合算法。四是机器人的结构灵巧，控制系统越来越小，正朝着一体化方向发展。

第 5 章 "智能农机装备""工厂化农业关键技术与智能农机装备"专项创新进展及成果

2021 年，国家重点研发计划"智能农机装备"专项部署的研究项目通过了综合绩效评价，取得了一系列标志性成果，有力促进了我国农业装备科技进步和产业发展。2021 年也是"十四五"开局之年，科技部统一部署，组织启动了"工厂化农业关键技术与智能农机装备"专项，已择优立项了一批项目，取得了一系列阶段性进展。

5.1 "智能农机装备"专项实施成果

"十三五"以来，在国家重点研发计划"智能农机装备"专项研究成果的支持下，我国农机装备智能化水平大幅度提高、企业创新能力得到进一步提升，有效支撑了农业现代化的发展。专项创立了智能农机装备自主研发体系，在作物种植和动物养殖信息感知、农机作业决策智控、农机制造试验检测、大宗粮经作物生产全程机械化示范等方面取得了重大成效，项目取得的成果已得到大面积推广应用，取得了良好的市场效果。

1. 基于北斗的农机自动导航与作业精准测控关键技术

（1）成果意义　卫星定位自动导航作业技术是现代智能农业机械装备的关键技术之一，可大幅度提高劳动生产率、土地产出率和资源利用率。华南农业大学和北京农业信息技术研究中心的科研团队自主研发的农业机械自动导航作业技术产品，已在新疆等 10 个省区的旱地和水田的粮食作物和经济作物生产中推广应用。由于采用了基于北斗的农业机械自动导航及作业精准测控技术，提高了播种行直线度，行距更均匀，通风透气采光好，有利于作物生长，可增产 2%～3%，化肥农药施用量减少 5% 以上；由于接行准确，可提高土地利用率 0.5%～1%；由于可以全天候作业，提高了农机利用率，机车组经济收入增加 20%～30%。近3 年累计推广应用面积 300 多万亩，节本增收 3 亿多元，经济社会效益显著。

（2）成果创新点　采用北斗卫星定位和 MEMS 惯性传感相结合，设计了卡尔曼滤波算法，实现了农机不同作业工况下的高精度连续稳定定位和测姿，定位精度达到了国外同类技术的先进水平，但系统成本降低了 1/3。设计了基于预瞄跟随的复合路径跟踪控制器，采用非线性状态观测器对决策期望轮角进行侧滑补偿，显著提高了水田农机路径跟踪精度，达到了国外同类技术的先进水平。

突破了土壤 – 机器 – 作物信息感知的技术瓶颈，应用深度学习方法建立了作物信息在线检测模型；通过图像纹理特征值提取土壤质构参数，实现了信息快速高频采集；解决了行车过程中的光谱噪声和振动噪声滤除难题，实现了作物养分的车载动态获取；开发了农机精准作业管控理论及精播精施智能控制决策模型，开发了土壤质构、综合肥力、作物养分、喂入量与谷物流量等多种在线感知新型传感器，创制了 13 种智能监测终端，并构建了全程机械化作业云服务平台，在国内率先实现了业务化运行，为农机作业智能化管理服务提供了有效的技术支撑。

（3）成果水平　项目成果总体达到了国际先进水平，其中水田自动导航作业和主从导航作业居国际领先水平，打破了国外技术垄断，保障了我国农机导航装备的自主安全可控，引领了我国农机导航技术的创新发展，为我国智慧农业提供了重要支撑。项目成果在精播精施智能控制决策模型及农机作业环境与作物信息在线感知方法与获取技术方面有重大突破，在农机精准作业管控理论方面具有重大的理论创新。项目成果在国内外是首次阐明，在国内处于领先水平。

（4）前景及发展　农业机械自动导航作业系统已批量生产，近3 年在 10 余种品牌拖拉机上安装 1600 多套，利税 2000 多万元。项目成果已在国内 10 个省区应用，2017—2019 年在新疆等3 个省区推广 314 万亩，节本增收 3.8695 亿元。项目成果为智能农机装备的研发和无人农场的建设提供了重要关键技术支持，显著提升了我国农机北斗自动导航技术的自主创新能力和产业化能力。实现了土壤、作物信息的在线检测，为智能农机装备精细化生产提供了基础条件。

2. 非道路国四排放发动机关键技术及应用

（1）成果意义　农用动力装备是推进农业机械化的关键核心，代表了农业机械化水平。长期以来，我国高效节能农用发动机及重型拖拉机动力换挡变速器、无级变速器等关键核心零部件，以及高性能拖拉机整机主要依赖进口，制约了产品升级和产业发展。中国一拖集团有限公司、江苏悦达集团有限公司、雷沃重工股份有限公司的研发团队突破发动机节能、减排、降噪，动力输出智能化控制、大型拖拉机所需无级变速传动系统及智能化控制等关键核心技术，提升我国农机装备技术研究基础，打破高端农机长期依赖进口的现状，缩小与国外主流产品的差距，对解决我国在拖拉机领域技术上受制于人的局面具有突破性的作用，为保障粮食安全、实现现代农业全面机械化提供绿色动力支撑，对我国国际市场竞争力的提升具有重要意义。

（2）成果创新点　采用全三维协同数字化设计与全体系虚拟分析技术相结合，基于整机一体化的强度设计，以及振动和噪声控制，采用高充量、双涡流、多模式清洁燃烧控制，成功开发满足非道路国四的高强化、低排放、低噪声和低油耗的中功率节能环保农用柴油机。研究了农机典型工况路谱作业规律，系统应用了燃烧模拟技术、进气管理控制系统、后处理控制策略、噪声分析与控制等关键共性技术，开发了具备自主知识产权的 30 千瓦高升功率非道路国四国五排放发动机。

以拖拉机的动力性、燃油经济性、通过性为优化目标，突破中间轴式、带弹性均载的双行星排汇流技术，开发了具有负载自适应控制、节能增效的多区段全自动液压机械无级变速箱。通过对全自动液压机械无级换挡变速箱的试验样机进行性能可靠性测试，开发出一种适用于不同作业工况下最佳传动比和最优动力输出控制的无级变速箱。突破了重型拖拉机全动力换挡传动系统智能化控制技术，研制了 260 马力 16F + 16R 全动力换挡智能变速箱。针对拖拉机高性能、多工况、功率流多变和外界负载波动性大等特点，提出复杂作业环境下拖拉机无级变速传动系统智能化自适应控制策略，实现对多生产目标和不同运行地区的自适应性，集成开发了智能重型拖拉机、中小型园艺拖拉机。

（3）成果水平　大功率节能环保农用柴油机，其关键技术开发及产业化产品技术指标已经全面达到或超越世界先进水平，拥有完全自主知识产权，并形成了产品的系列化，带动了我国柴油机上下游产业技术全面升级，引领行业形成核心竞争力。全动力换挡变速箱的研制填补了我国在拖拉机无级变速器领域的空白，整体技术水平达到国际同行业的技术水准，填补了国内该项技术的空白。突破了非道路发动机性能与排放开发关键技术的瓶颈，掌握了具备自主知识产权的发动机燃油系统、后处理系统、智能控制系统等关键零部件系统集成技术，达到了与国外非道路先进柴油机技术"并跑"的水平。

（4）前景及发展　无级变速是未来大型拖拉机的发展趋势，液压机械无级变速器兼有无级调速性能和较高的整体效率，同时自动无级变速也是实现拖拉机智能化的前提条件，因此在大马力拖拉机上有着良好的应用前景，具有重大的推广应用价值。本项目实现规模化生产之后将提升我国农机装备的竞争力，减少对国外农机装备的进口，推广应用价值显著。该项目的实施提高了我国农机装备发动机的竞争力，保障国产农机产品市场占有率及我国粮食和产业安全，为中国农机装备"走出去"提供科技支撑，具有良好的经济性、可靠性，各项技术指标优异，带动整个发动机产业链的升级。

3. 畜禽养殖智能化精细生产技术及装备

（1）成果意义　我国是畜禽养殖大国，随着现代畜牧业养殖向绿色化、生态化、设施化、智能化发展，关键核心技术装备缺乏已经成为制约养殖业提质增效、高质量发展的关键。中国农业科学院北京畜牧兽医研究所和广州温氏食品集团股份有限公司的研发团队，突破现代家禽规模化养殖健康环境调控方法、系列调控技术、环境检测智能管理和评价预警系统，为我国规模化家禽生产环境智能调控、信息化远程管理和构建智慧畜牧业体系提供了关键技术装备支撑，有效促进产业的健康与可持续发展。

（2）成果创新点　研制了畜禽舍有害气体高精密、多组分监测仪，能够同时实现甲烷、二氧化碳、硫化氢、氨气、$PM_{2.5}$、$PM_{1.0}$及PM_{10}的快速、在线和原位监测。这一仪器的所有器件均为国产，相对于目前国际市场上主流设备的灵敏度更高。以非制冷热红外成像技术为手段，以实现群体猪只中的个体发病筛选和甄别为目标，研制了基于智能手机的动物体温快速测量系统，获得了优于0.2℃的探测能力。研制了基于机器视觉和深度学习的动物生长状态传感系统，实现了猪只体重、体尺，以及主要行为的实时、连续监测。

针对现代家禽规模化生产环境条件复杂且难以调控、易导致鸡只处于"亚健康"的突出问题，基于先进传感、物联网等技术，创新了家禽舍多元环境参数智能节点与无线实时监测技术,突破了规模化养殖生态环境参数经济高效稳定获取、单一环节数据碎片化管理和评价的难题;运用神经网络、大数据挖掘技术,创新了现代家禽健康状态自动感知方法,从运动姿态、运动量、发声音色等特征行为与生理参数中有效提取家禽健康信息并分类,建立了蛋鸡健康信息数据库,深度耦合生理、生态、生产数据并实现健康状况的准确判别;建立了基于异常发声状态的热应激预警及鸡只精确定位方法。

(3)成果水平 项目形成的基于环境生态和声频生理信息感知的智能化远程管理系统,将从根本上改变现有家禽养殖健康环境调控理念,解决现有环境调控参数单一所带来的种种弊端(特别是对非笼养等新型养殖系统),有助于指导现代家禽舍的改进设计、建造和日常管理,改善规模化生产条件下家禽的健康水平,为开展精准畜牧业技术的相关研究提供了方法借鉴,在国内外处于先进水平。

(4)前景及发展 目前该成果已经在广州温氏食品集团股份有限公司等单位投入产业化应用,对提升养殖业生产装备的现代化智能化水平、促进企业转型升级,具有显著作用。该成果具有重大推广应用价值和产业化前景。

4. 智能谷物联合收获技术装备

(1)成果意义 谷物高效高质生产是保障国家粮食安全的重中之重。智能化是谷物联合收获机发展的方向,也是实现高效低损收获的重要技术手段。中国农业机械化科学研究院的研发团队创制的玉米籽粒收获机有效降低了高含水率(30%~34%)玉米籽粒的破碎率,解决了高含水率玉米籽粒收获的国际性难题;开发的茎秆高效切段等核心装置和玉米穗茎联合收获机,实现了玉米全价值利用,解决了粮饲同时收获的难题,构建了我国玉米机械化收获体系,引领玉米收获技术的发展,满足我国不同玉米的机械化收获需要。

雷沃重工股份有限公司的研发团队创制的10~12千克/秒喂入量和5~6千克/秒喂入量智能稻麦联合收获关键技术与装备,首次实现稻麦联合收获机核心作业参数监测技术及控制系统、智能化稻麦联合收获机多参数融合调控策略、高效脱粒分离系统、高效清选系统、大型收获机械浮动式半履带底盘及驱动技术、可调幅宽茎秆切碎抛撒技术等在整机上的集成与应用,实现了大型收获机械收获智能化,提升了我国稻麦联合收获机智能化创新能力,对全面提升我国农机产业科技创新能力和国际竞争力、农产品供给能力,都具有十分重要的现实意义和战略意义。

（2）成果创新点　通过研究高含水率玉米籽粒低损伤和低破碎脱粒机理，研制新型脱粒元件；集成研制了高效单纵轴流和双纵轴流脱粒装置，实现高含水率玉米低损脱粒。通过采用先夹持后切割工艺，提高倒伏玉米收获的适应性；通过采用后置式摘穗方式，实现减损摘穗；通过采用横向切碎滚筒，将纵向茎秆推向定刀，完成切碎；集成研制了穗茎一体化收获台，实现玉米果穗和茎秆的一次性收获；研制了高效智能高含水率单纵、双纵轴流玉米籽粒收获机，以及玉米穗茎联合收获机、鲜食玉米联合收获机和玉米种穗收获机。

集成研制了国内首台套 10 千克/秒喂入量单纵轴流、12 千克/秒喂入量切流加双纵轴流智能化谷物联合收获机，具备切割喂入、脱粒分离、清选、整机融合的作业参数检测及控制系统，同时搭载了组合式导航、半履带行走、切碎抛撒等装置，并完成了小批量产与使用，填补了国内空白。

集成研制了国内首台套 5 千克/秒喂入量切流加单纵轴流机械差逆变速行走底盘、6 千克/秒喂入量单纵轴流双 HST 变速行走深泥脚田履带式水稻收获机，突破了低损伤脱粒、多风道高效清选及浮动底盘等技术，实现了脱粒、清选、底盘等机架轻量化，并搭载收获机作业参数监测及控制系统，实现了 40 厘米深泥脚水田作业。

（3）成果水平　以玉米籽粒含水率、作业质量参数为控制依据，建立了摘穗损失、籽粒破碎、籽粒回收损失等指标的自适应智能调控策略，研发了玉米籽粒破碎率、果穗断穗率在线传感系统和控制模块，形成高含水率玉米籽粒收获自适应调控系统，填补了我国玉米联合收获机智能收获作业的空白；开发了低损喂入、收获台过载保护和返吐等技术，以及高效单纵轴流、双纵轴流脱粒等核心装置，研制了高含水率玉米单纵轴流籽粒收获机、高含水率玉米双纵轴流籽粒收获机，达到国际领先水平。

创制的 10~12 千克/秒喂入量和 5~6 千克/秒喂入量智能稻麦联合收获关键技术与装备，是国内首次将多种智能化检测设备和机构在整机上实现集成应用，技术水平也达到国内领先。智能化稻麦联合收获机多参数融合调控策略，突破了稻麦联合收获机脱粒分离、清选和切割输送系统的智能调控关键技术，技术水平也达到国内领先。

（4）前景及发展　研制的玉米联合收获机智能控制系统、玉米作业性能传感器、高含水率玉米籽粒脱粒分离装置、玉米穗茎一体化收获装置，已应用于玉米籽粒收获机、玉米穗茎联合收获机、鲜食玉米联合收获机和种穗玉米联合收获机,有效降低了高含水率玉米籽粒的破碎率,实现了玉米全价值利用,具有重大的推广应用价值;创制的 10~12 千克/秒喂入量和 5~6 千克/秒喂入量智能稻麦联合收获关键技术与装备,解决了国内收获机作业效率低、智能化程度低、作业适应性差的缺点,提高了稻麦联合收获机通过性和承载能力,能够更好地适应我国土地流转政策实施以来土地集约化对大喂入量联合收获机的需求。

5.6 行智能高效采棉机

(1) 成果意义 棉花是重要的战略物资,我国棉花常年种植面积达 6300 多万亩,年产量为 650 多万吨,是世界产棉大国。棉花收获机械长期依赖进口是制约我国棉花产业健康可持续发展的问题。中国农业机械化科学研究院的研发团队研制的棉箱式、方模式、圆模式 6 行智能采棉机,形成了与我国棉花主产区种植农艺、棉花运输、加工模式相匹配的智能高效棉花采收技术体系,为采摘滚筒转速、脱棉盘转速智能调控,采摘作业传感器研发,无人驾驶作业等收获新技术提供了技术平台,促进行业技术进步;国产 6 行智能采棉机投放市场后,打破了大型高端采棉机长期依赖进口的局面,同时有效抑制了进口机型的价格,使我国棉花收获机械装备达到国际先进水平。

(2) 成果创新点 突破了棉花高效采收技术,研制了高效采棉头,采收效率提高 20% 左右;突破了多点液压同步举升技术,研制了伸缩式双层棉箱,卸棉稳定、快速、无残留,减少了卸棉次数,增加了有效作业时间,提高了作业效率;突破了棉花密度在线控制、方模成型、圆模成型等技术,研制了棉模智能成型装置;突破了自动对行、在线测产、地面仿形、故障监测预警等技术,开发基于CAN 总线采棉机智能控制系统;集成研制了棉箱式、打包式 6 行智能采棉机,达到国际先进水平。

(3) 成果水平 棉花高效采收、伸缩式双层棉箱、方模成型、圆模成型等技术,形成我国棉花高效采收技术体系;融合自动对行、在线测产、地面仿形、故障监测预警等技术,集成研制了棉箱式、方模式、圆模式式 6 行智能采棉机,主要技术与性能指标达到国际先进水平。

(4) 前景及发展 项目成果通过与企业生产紧密结合,研发的前沿技术在已有相关产品上先试先用,加速成果转化应用。项目研发的高效采棉头、输棉风机、伸缩棉箱等已在现代农装科技股份有限公司生产的 3 行采棉机率先得到批量应用，形成了棉箱式 3 行采棉机、棉箱式 6 行采棉机、方模式 6 行采棉机、圆包式 6 行采棉机系列产品，促进了行业技术进步、产业升级，增加了农民收入。

6. 无人机植保作业装备

（1）成果意义　农业农村部南京农业机械化研究所的研发团队瞄准高效、精准、环保和多功能的总体目标，围绕农用飞行控制系统、机载作业装备和专用农用无人机系统等方面，开展了技术研究与装备创制，突破了制约无人机农业应用的飞控关键共性技术，研制了高质量智能化航空施药、辅助授粉等附属作业部件，并在此基础上集成创制了适合我国不同区域农业生产经营模式和地貌特点的 4 种系列本体与附属作业部件一体化的高效农用航空器系统，大幅提升我国农用无人机的智能化水平和关键部件与整机的研发水平，促进智能农机装备产业的快速发展，提升了我国农机装备在国际市场的竞争能力。项目成果提升了农用无人机的智能化水平和作业性能，加快推广应用，大幅提高了农药有效利用率，减少了农药使用量，控制和逐步降低农业生态环境污染，合理解决了粮食总量需求和农药减量使用之间的矛盾，提高了农产品、食品的安全质量水平。

（2）成果创新点　突破了自主避障、仿地飞行、增稳控制、多机协同等关键技术，创制了 9 项农用无人机新产品，开发了 5 种智能化施药附属作业部件，实现农用无人机在坡地、凹地、丘陵等复杂地形环境，电线杆、草垛、树木丛生等复杂空间环境，以及高秆作物、水田作物、设施作物等复杂农田环境内的全自主高稳定智能化集群作业。与"十二五"相比，项目成果将农用无人机的劳动生产率由 200 亩/（人·天）提升至 500 亩/（人·天），仿地飞行保持高度从 5 米降低至 1.5 米，飞行精度从 1.5 米提升至 0.3 米，自主避障识别 10 厘米障碍物，技术水平处于国际领先。

（3）成果水平　开发了农用无人机精准施药装置、高效辅助授粉装置、低空遥感装置等智能化附属作业部件和农业专用飞行控制系统 5 种智能化附属作业部件。创制了适合丘陵和小规模植保与辅助授粉作业的电动单旋翼无人机、适合复杂地形植保与遥感作业的电动多旋翼无人机、适合平原大规模种植区植保作业的大载荷油动无人机、适合多种作物混植区植保作业的轻型油动无人机、多机协同作业机群等 9 项农用无人机新产品，技术水平处于国际领先。项目成果在我国植保、辅助授粉、低空遥测等农业领域得到广泛应用，并出口至日本、韩国、巴西、澳大利亚等 22 个国家和地区，创造了直接经济效益，具有较大的国际影响力。

（4）前景及发展 我国每年作物病害防治面积达 84 亿亩次，单架载荷 30 千克的农用无人机的作业量相当于 10 台机动喷雾机或 50 台手动喷雾器作业量。使用无人机施药可有效提高作业效率和降低作业成本，按照 5% 的作业面积采用无人机施药测算，人工成本节省 10 元/亩，农药成本节省 1 元/亩，综合节本增收 46.2 亿元。

无人机施药可有效提高作业效率和降低作业成本，经济和社会效益显著。项目执行以来，我国载荷 5 升以上的农用无人机保有量由 4869 台提升至 30000 台，居世界第 1 位；年作业面积从 1000 万亩次增长至 5 亿亩次；植保无人飞机的推广应用推进了我国智能农机装备制造行业的快速发展，通过项目带动，市场涌现出一批优秀的高科技农机生产企业，促进了我国农机工业转型升级。提升农用无人机的智能化水平和作业性能，减少农药用量 20% 以上，农药利用率提高 40% 以上，防治效果提高 30% 以上，较背负式手动喷雾器作业效率提高 80 倍以上，近 3 年累计应用面积超过 5 亿亩次，节本增效达 174.44 亿元，总经济效益达 225.06 亿元。植保无人机的推广应用培训了一大批新型职业农民，为新农村建设发展创造了大量的就业岗位，推进了农业农村现代化的需要，助力乡村振兴战略的实施。

7. 油菜生产全程机械化技术装备

（1）成果意义 农业农村部南京农业机械化研究所、星光农机股份有限公司和现代农装科技股份有限公司的研发团队通过该项目实现了油菜自动化及智能化栽植、收获，提高了生产效率，降低了综合成本，为油菜高速高效生产提供装备支撑，对促进我国油菜种植收获装备智能化水平提升，推动产品升级换代，提升技术和产品的国际竞争力具有重要意义，也有利于企业创收、国家增税和机手增收。同时，栽植机械化，将有效缓解农时季节劳动力需求紧张的矛盾，降低综合成本，增加农民种植积极性，对促进种植结构调整、扩大规模化生产具有积极意义。

（2）成果创新点 针对我国长江流域油菜收获损失率高、收获装备适应性差等问题，在油菜联合收获技术、油菜分段收获技术等方面突破了一系列关键技术。通过技术集成创制了智能化高效油菜轮式/履带式联合收获机、高地隙中央铺放油菜割晒机和油菜捡拾脱粒机，实现了油菜联合收获装备主要参数实时采集、故障诊断与自动监控和清选筛开度自适应调节，解决了油菜联合收获损失大的难题，解决了油菜分段收获高大油菜高效顺畅割晒和高留茬铺放油菜高效捡拾的难题。实现了油菜收获机械从"有机可用"到"有好机用"的跨越，为我国油菜机械化高效生产提供了技术与装备支撑。

以油菜机械化收获为主线，推进油菜栽植机械化，突破了高速作业条件下的健壮苗识别、自动定量输苗、精准栽植、秧苗防损伤、智能监控等关键核心技术，解决了油菜移栽、高效种植等问题和要求。实现了高速作业时的栽植株距及栽深一致性调控、苗情实时监测及低损种苗输送、取苗、投苗、落苗、栽苗等作业环节的自动精准作业流程，提高了栽植效率与质量。突破了油菜种子低损精量排种、播量稳定性控制等关键技术，解决了小粒径种子的低损精量排种技术难题，实现油菜精量联合直播作业。

（3）成果水平 项目成果针对我国长江流域油菜收获存在的机械收获难度大、损失率高的难题，重点突破了割台气力落粒回收、拨禾轮参数自适应调节、揉搓冲击和纵轴流脱粒清选、脱粒滚筒参数自适应控制、自适应高效清选、作业速度智能调控和作业状态远程监测、清选损失检测和液压底盘无级调速控制、轮履组合全液压驱动、防缠绕拨禾、组合式高效捡拾、双作用仿形减振、作业速度电液比例控制等关键技术，显著提升了我国油菜收获技术性能和装备信息化、智能化水平。正常作业条件下油菜机械收获总损失率可控制在 6.5% 以下，各项性能指标显著优于国家标准。技术总体性能达到了国际同类机型先进水平，清选损失自适应控制等部分关键技术达到了国际领先水平。

（4）前景及发展 项目成果在传统油菜收获装备上实现了作业参数自动调节、作业速度自适应控制及机器作业状态的远程监测。油菜毯状苗机械移栽技术较人工移栽提高作业效率 40～60 倍，节省成本 160～220 元/亩，较同期直播油菜提高产量 30% 以上。项目实施实现了节本增效，具有重要的推广应用价值和产业化前景。

8. 农田残膜清理技术装备

（1）成果意义 农膜是重要的农业生产资料，对增加农作物产量具有重要意义，但农作物收获后，残膜随意丢弃在田间地头会严重影响农村生态环境。新疆农垦科学院的研发团队解决了农田残膜污染治理的瓶颈，实现了农田残膜资源化循环利用，支撑高标准农田建设，促进农业绿色发展。

（2）成果创新点　针对残膜的悬浮力小、易缠绕、吸附能力强等特性，研发残膜与土块逆向运动的分离机构，实现残膜和土块可靠、高效分离，并由脱模辊将回收的残膜甩到后面的输送装置上，输送装置将残膜输送至集膜箱，实现回收。将秸秆粉碎与链耙收膜装置有机结合，形成新型联合作业机，有效解决秋后秸秆粉碎与地膜回收难以协调作业的实际问题。

（3）成果水平　通过实验研究了残膜的力学特性及断裂规律，利用计算仿真分析与实验优化分析了捡拾机构、卸膜机构、膜土分离机构的关键运动参数，研制出用于表层残膜回收的集秸秆粉碎、地膜回收及回收箱等多项功能为一体的秸秆粉碎与地膜回收联合作业机和用于耕层残膜的旋耕梳齿式耕层残膜回收机，填补了国内空白，解决了棉田缺乏实用型地膜回收机械的问题，为农田地膜污染治理提供了机械装备支撑。

（4）前景及发展　探索出秸秆粉碎与地膜回收联合作业的技术模式与机具结构；研究开发的秸秆粉碎与地膜回收联合作业机具有良好的作业性能，为企业提供了具有巨大市场潜力的新产品，增加企业产值和利税，拉动本行业上下游产品供给，推动地区经济发展；项目机具可有效回收当季农田地膜，切实遏制了农田地膜"增量"持续增加的趋势，推动农田地面污染机械化治理进程，有利于农业增产增收。

9. 马铃薯智能生产作业装备

（1）成果意义　中机美诺科技股份有限公司和雷沃重工股份有限公司的研发团队探究了切土深度、薯垄土壤松散程度和挖掘深度对挖掘阻力、薯土分离效果的影响规律，创新马铃薯减损挖掘调控技术，通过控制多影响因子有效降低马铃薯收获前期破损率，保障了我国的粮食安全，为后续马铃薯减损挖掘收获提供了理论基础。

提出避免薯块"跳跃""回流"，以减小碰撞动态损伤及多次摩擦导致的疲劳累积损伤和切线擦伤的理念，打破传统的薯土分离装置，创新低损薯土分离、清土除杂分选技术，为未来马铃薯的机械化低损分离提供了理论基础，对推动我国马铃薯全程机械化发展具有重要的战略意义。

（2）成果创新点　创新研制了适合马铃薯气吸播种的不同种薯吸种装置及气压稳定供给系统，创制了多臂分布式、低摩擦高密封气力式高速精量种薯排种器，研制了马铃薯气力精播机。针对薯类挖掘部件的性能需求，学习鼹鼠、獾挖掘爪趾等生物挖掘器官切挖功能的质构形特性，设计了低阻耐磨薯类挖掘部件，在仿生上实现由"形似"向"神似"发展。提出了模糊控制的马铃薯捡拾电液仿形技术和基于光学特性差异的马铃薯异物在线智能剔除技术，实现了捡拾作业过程入土深度可控，提高了捡拾效果，解决了传统方法对体积、形状和质量等特征相似杂质难以分离的难题，提高了马铃薯异物剔除准确率。采用弹性曲杆将输送运行中薯块上的残藤压住，导入压紧力自动可调的槽辊凹凸槽中，利用相向运动且压紧的对辊将残藤压住从薯块上拉断，从而实现薯块残藤强制分离。开发了马铃薯高效低损联合收获综合智能控制技术，实现参数可调和作业监控。

（3）成果水平　项目成果具有重大技术突破，在国内处于领先水平，在国际上处于跟跑水平。提出了动态自适应的调控方法，实现了复杂自然环境下的减损收获，并且实现了收获作业的可知性、可视性和可控性，为后续马铃薯收获信息化技术的应用奠定基础。提高了马铃薯综合收获能力，促进了我国马铃薯生产机械化、模块化和标准化。

（4）前景及发展　马铃薯高效生产技术装备应用突破了产业发展的制约瓶颈，使人们从繁重的体力劳动中解放出来，为国内马铃薯产业的发展打下了坚实基础，同时提供了可靠的技术与装备保障，促进了经济社会的和谐健康发展，具有较好的经济社会效益。

10. 水产养殖精准管控技术装备

（1）成果意义　广东省现代农业装备研究所的研发团队强化了对水产养殖对象和养殖环境的感知手段，突破了养殖对象生理生态行为与水体成分及环境在线监控、水体清洁等关键技术，研发了智能化投饲、水产循环清洁、水产品收集等智能装备，集成具备实时采集、故障诊断与远程监控等功能的智能管理系统，构建了智能设施化水产养殖基础模式，并进行了应用性的试验。通过项目实施，有效改变了我国设施化水产养殖行业现有的信息化检测水平低、缺乏有效的自动化控制手段、劳动强度大、资源浪费大等问题，有力提升了我国水产养殖企业的信息化管理水平，为水产养殖业的生产效率及产品品质的提升提供了强大技术支撑与产业化示范。

（2）成果创新点　针对现阶段设施水产养殖技术体系不完善、资源利用率不高、设施设备稳定性差、自动化与信息化程度低等制约产业健康发展的突出问题，以突破信息感知、决策智控和系统装备成套等共性核心技术为目标，开展了水产养殖动物生理生态行为判别与自适应机理研究、基于养殖动物行为量化和水质信息的控制模型研究，明确了主要养殖动物应对关键应激源的自适应机理，完成水产动物行为量化算法/模型 2 个。开发了光学溶解氧传感器和在线综合采集系统等水环境检测装备，研发了智能转鼓式微滤机、光催化电解协同水处理设备和新型高效生物过滤器等水环境高效精准化调控设备，以及轨道式智能投喂装备和吸鱼分级计量等水产品收集装备，并开展了集成示范改进，初步形成了设施水产养殖精准调控理论基础，构建了水质判别、水质调控和摄食判别等设施水产养殖系列控制模型，开发了设施水产养殖智能化精细生产成套装备等技术与装备，建立了设施水产智能化精细生产装备模式。

（3）成果水平　通过基础研究 – 专用技术研究 – 集成研究结构化研究思路开展研究，围绕鱼类摄食行为机理机制及量化方法研究，与国际先进水平研究基本同步，智能化监测仪器装置、自动化装备研究领域处于国内领先水平。从整体上看，项目成果为设施水产养殖技术的进步和产业发展提供了必要的技术支撑，整体处于国内领先水平。

（4）前景及发展　已建成适用于海淡水工厂化养殖的智能化精细生产装备系统，提高了设施养殖的精准度，提高了饵料利用率，有效控制水产养殖动物疾病的发生和传播，为高效的全封闭循环水养殖提供了技术支持。通过进一步开展整体调控及专用性技术研究，提升系统的智能化水平，对水质进行综合监控与修复，可以改善水产养殖环境，使水产品在适宜的环境下生长。项目成果可以带动生命科学、装备学科及信息科学等交叉学科的发展，可以为产业结构调整升级和行业可持续发展提供有效支撑。

11. 饲料作物高效收获技术装备

（1）成果意义　中国农业机械化科学研究院呼和浩特分院和新疆机械研究院股份有限公司的研发团队通过项目实施，为我国青贮饲料收获机的玉米籽粒破碎机理、青贮饲料品质与后端加工环节产业链、智能控制策略和智能型装备等研究的基础理论奠定了良好的基础；为我国青贮饲料收获技术升级和产品更新换代提供了技术理论和装备的支撑；提升了天然草原牧草高效收获技术装备水平，提高了牧草收获效率，降低了收获成本，保证了牧草品质量；为我国加快饲草产业发展提供了经济适用、高效高质的装备，装备价格仅为国外同类产品的 40% 左右，降低了农机户的购机成本，显著提高了作业效率和质量，推进畜牧业的健康发展。

（2）成果创新点　突破了饲料收获机大幅宽收割台多级传动、自动清堵及过载保护、夹持喂入，以及作业过程堵塞报警、金属异物探测停机、切碎刀具自磨刃控制等关键技术，开发了饲料收获智能控制系统，解决了国内现有饲料收获机饲料品质不高、作业效率相对低下的问题，实现了我国青贮饲料收获机技术升级。

围绕秸秆切割、打捆、缠网、裹膜等收获工艺，突破了选择性收获、揉搓揉丝、缠网裹膜、自动定量菌剂添加、连续强制喂入系统及作业智能控制系统等关键技术，研制出适应不同收获需求的秸秆饲料收获机，实现了打捆全程自动化、远程实时监控作业、自动记录作业面积和轨迹等功能，为我国秸秆离田饲料化应用提供了关键技术装备，形成了较完善的秸秆饲料收获及储运配套技术方案。

开发了连续强制喂入系统，喂入量大、防堵塞，有效提高对不同作物的喂入需求；开发了一体化拉制卷压滚筒，在液压系统的控制下，有效提高草捆密度；开发了圆捆卷捆机智能控制系统，从自动捡拾田间铺放草条、卷制压缩成形到用尼龙网自动捆成圆形草捆的整个打捆过程实现全程自动化，具有故障诊断报警功能，实现远程实时监控圆捆机作业、自动记录作业面积和轨迹，有效降低了劳动强度，提高了生产率，方便用户使用。

（3）成果水平　打捆、缠网裹膜及压缩技术水平达国际先进水平；秸秆饲料收获打捆及储运等技术装备总体水平达国内领先，部分开发的机具填补了国内空白，为我国秸秆饲料化高质高效利用及秸秆离田高效作业提供了关键技术装备。牧草收获打捆设备提升了自动化、智能化水平，在国内处于领先水平。

（4）前景及发展　玉米籽粒破碎、自动磨刀、割台防堵正反转等技术及关键装置均已在项目相关单位的产品中得到了应用，特别是籽粒破碎技术性能要求已列入青贮饲料收获机推广鉴定大纲内，显著提升了行业产品的技术水平。项目成果中的秸秆饲料收获部分技术装备已推广应用，为我国农作物秸秆饲料收获打捆、饲料品质与后端加工环节产业链、智能控制策略和智能型装备的深入研究、可靠性等大幅提升奠定了良好的基础。

项目成果已推广应用到饲草收获作业中，提高了收获效率，降低了生产费用，减少了收获过程中的损失率，为农作物秸秆饲料化、燃料化利用提供技术支撑，其应用范围广，产业化前景良好。

12. 免耕精量播种技术装备

（1）成果意义 项目成果代表了国内玉米播种领域的最高科技水平，对推动我国玉米精量播种技术进步、促进玉米播种装备智能升级、实现国产播种装备高端化具有潜在贡献。雷沃重工股份有限公司的研发团队通过项目实施发现并解决了制约高速播种的技术难点，成功研制了大型宽幅玉米高速精量播种机。

（2）成果创新点 创制了适宜玉米高速播种作业的气流机械互作式精量排种器，创新了基于电机直驱的排种器，解决了高速作业条件下播种精度急剧下降及种子易损伤的难题，实现了播种精度和作业速度的同步提升，技术水平居世界前列。

研究了气流均匀分配和气流稳压技术，研制了高性能气流分配与稳压装置，解决大型气力式玉米播种机幅宽较大、气流分配不均、气压不稳造成各行播种粒距不均匀的问题，技术水平居国内领先。

（3）成果水平 探明了影响排种精度和造成种子损伤的关键因素，为新一代高速排种器的研发提供了理论支撑；为玉米高速播种机的研究奠定了研究方法、核心部件和关键装备方面的基础，处于国内领先水平。研发的高速排种器及其新型驱动机构和控制系统，为播种机智能升级提供了方法和技术支撑；研发的一熟区玉米高速精量播种机，为玉米高端播种装备研发奠定了关键装备基础。研究了玉米与大豆高速防损伤精量排种技术及核心部件排种器、基于电机直驱的排种器新型驱动方法及控制系统，采用理论研究→仿真分析→参数优化→实验室台架试验→田间试验→性能考核相结合的方式推进。突破了播种机高速作业技术，解决了高速时播种精度快速下降、种子易损伤的问题；突破了大型宽幅播种机气流分配多、输送距离远、各排种器获得的气流压力不稳定不一致技术，解决了各行播种粒距不均匀的问题；建立了排种器转速控制模型，实现了工作参数的便捷输入、作业参数的实时检测、可视化呈现及作业过程的智能管控。

（4）前景及发展 为未来玉米和大豆高速播种机的研究奠定了研究方法、核心部件和关键装备方面的基础，项目成果代表了国内玉米、大豆播种领域的最高科技水平，为推动播种装备智能升级、国产播种装备高端化做出了贡献。12行高速气力式玉米与大豆精量播种机，在12千米/小时高速时排种粒距合格指数达95.4%、漏播指数为2.3%、种子破碎率为0.3%。

13. 玉米种子繁育技术装备

（1）成果意义　新品种培育、良种繁育等种子产业是最具发展潜力的领域之一，"优良品种＋优质种子"是确保农业增产增效的根本。目前我国每年种子需求量约125亿千克，实现种业机械化，对实现种业自主化具有重要意义。青岛农业大学和中国农业机械化科学研究院的研发团队研制成功的气吸式小区精量播种机，弥补了我国玉米、大豆、油葵等大粒作物田间育种试验播种机械化的空白，结束了进口小区播种机对育种机械领域长达30多年的垄断局面，解决了我国育种试验播种技术"卡脖子"的难题，将育种家从繁重的人工播种劳动中解放出来。使用育种试验的专用播种机可突破人工播种的规模瓶颈，大大提高了小区试验的播种质量和效率。

（2）成果创新点　研究了种腔分离型气吸式精量排种器，具有排种腔与清种腔分离的设计结构，实现了在吸种与清种过程互不影响的前提下完成小区间品种分量清种作业，保证100%自净率。自主设计开发了自动播种智能控制与监测系统，突破了育种小区和播种质量可视化技术、基于北斗高精度定位与智能控制终端融合技术，精准测量小区播种机的位置、航向和姿态，实现了投种、充种、清种等排种环节循环自动更替的决策控制、来回程的自动对行、育种小区可视化、播种参数人机交互设置、播种数据实时通信、重漏播数据采集处理、播种作业路径规划、自动分量与自动连续供种模式同机切换等功能的集成，行长控制精度可达厘米级。研究了电机驱动排种器控制技术，可实现播种过程中株距的实时无级快速调节。开发了适合多种种植模式的玉米去雄作业机构，研制了3XZG–8YA型自走式玉米去雄机，应用于杂交玉米种子繁育工程中，母本玉米雄蕊的去雄作业。设计了一种自净无杂输送装置，在搅龙下方增添籽粒回收装置，并在其底部增加籽粒过滤筛孔，有效解决了搅龙存籽严重的问题，满足了小区玉米收获时清种的要求。

（3）成果水平　填补了国产玉米小区精密播种机的空白，在该项目成果上应用的气吸式双种腔分离排种与清种技术为首次阐明。智能小区玉米高精度收获机填补了国内育种单位急需玉米种子繁育机械化收获装备的空白，解决了现有装备不能满足生产需求，而国外有些农机装备相对先进但价格昂贵的问题。

（4）前景及发展　我国是世界最大的玉米集中产区，玉米常年播种面积达6.36多亿亩，总产量为2.59多亿千克；全国杂交玉米计划制种面积达290多万亩，制种玉米产量为10多亿千克。目前玉米制种主要依靠人工作业，极大地限制了制种玉米的生产，而且影响制种玉米种子的质量。

国产玉米小区精密播种机的成功研制，打破了进口产品在育种播种机械领域的垄断现状，育种单位购机成本大大降低。本项目成果气吸式玉米小区精量播种机可保证播深一致，株距、行距均匀，区间道整齐，苗齐、苗壮、长势好，避免人力手工播种造成明显的试验误差，同时可减少每年为播种试验小区而产生的雇佣人工成本，并且可以成百倍地提高工作效率，每天可播种2000~2500个试验小区（7.5~9.4公顷/小时），播种作业中只需3人（1人开拖拉机，2人投种），而采用人工播种在同一天完成同样的工作量则需要30~40人，且这部分人工播种效率及质量均难以保证，育种单位对育种试验专用的国产小区播种机的需求越来越迫切。

小区机械化收获技术是人工田间收获、脱粒作业效率的23倍以上，且可以达到人工很难实现的功效。智能玉米种子繁育高净度收获技术装备显著提高了我国机械化田间育种试验的准确度，更好地发挥了作物优良品种对粮食增产、农业增效和农民增收的作用。

随着商业化、工程化育种发展，育种单位不断扩大品种试验规模，小区试验机械化、自动化、智能化成为必然趋势。种子繁育技术装备对推动我国种业现代化的发展具有重要意义。

14. 牛羊屠宰与畜禽分割技术装备

（1）成果意义　中国农业机械化科学研究院的研发团队突破了制约家畜屠宰加工高效、规模化生产关键技术的瓶颈，提升了畜禽屠宰加工装备技术水平，有利于加快实现我国畜屠宰加工产业技术升级和安全水平的提升，提升了产业层次，延伸了产业链，促进了产品结构、技术结构调整，对推动产业发展、保障国家肉品质量安全、实现农业现代化和实施乡村振兴战略具有重要意义。

（2）成果创新点　集成数控、液压、伺服驱动、光电感应和智能控制等前沿技术，创新研究开发多工位高效扯皮等关键技术，创制了多工位高效扯皮机等高效、自动化、智能加工装备，降低了皮张破损率和胴体损伤率，大幅提升关键单机加工效率，突破了制约产能提升的技术瓶颈，实现了高效、规模化家畜屠宰加工生产。

研发了特殊结构的专用牛胴体劈半刀片和低速切割旋转技术，采用6轴机器人本体操控劈半装置，使用时无振动、无噪声、劈半动作不受限制，有效地降低了工人劳动强度。

创新性地将高压冷态水切分技术应用于畜胴体分割等肉类生产。基于安全、低肉耗量理念，开展了纯水细射流的安全冷态切割工艺、对肉类无污染作业及高可靠性试验装置的关键技术研究。研发了350兆帕、0.3毫米纯水细射流的自动与半自动化结合的肉类生产高压冷态水切分装置，以不低于350兆帕工作压力的纯水细射流进行肉、骨切割机理与试验研究，建立了工况参数，研究了0.3毫米细射流切割畜胴体的速度与不同肉品状态（冷态与常温）、切割厚度（肉、骨及骨带肉）、靶距、不同喷嘴结构等多因素之间的影响度，建立了切割的最佳工况。

（3）成果水平　多工位高效扯皮机实现了国内从0到1的突破，达到了与国外羊扯皮技术"并跑"水平，机器人劈半技术已达到或基本达到国际先进水平。在国内首次开展了畜胴体高压冷态水切分的技术探索，颠覆性地将高压纯水替换传统刀锯用于畜胴体加工，寻求实现工艺革命和可应用的前沿技术，填补了国内技术的空白。

（4）前景及发展　项目成果应用可提高屠宰加工效率、减少卫生隐患，支撑畜禽屠宰自动化作业，实现屠宰产业技术升级，形成较大规模产能，产业化前景广阔。成套技术装备不仅可以替代进口，由于性价比高，还可出口东南亚、非洲等国家，对促进畜屠宰企业创造新的增长点，具有良好的经济效益，产业化前景也很广阔。

15. 蔬菜精细生产技术装备

（1）成果意义　蔬菜生产过程中人工成本占生产总成本的65%，是制约蔬菜产业发展的主要因素。现代农装科技股份有限公司和农业农村部南京农业机械化研究所的研发团队创制了一批蔬菜生产作业关键装备，实现了甘蓝、青梗菜和胡萝卜的全程机械化，番茄和辣椒的机械化标准育苗和高速定植，洋葱和大蒜收获机械化，并实现了作业过程参数实时采集、故障诊断与自动监控，填补了我国蔬菜领域的农机产品空白，补齐了我国农机化发展中薄弱环节的短板。茄果类蔬菜小苗智能高速定植移栽机解决了移栽机械效率低下、自动取苗工作可靠性差的技术瓶颈，工作效率高，节省人工，促进了我国种植机械的技术进步，对我国蔬菜综合生产能力建设、农民增收、农业节本增效具有显著的促进作用。在制定适合我国蔬菜机械化种植农艺、作业模式和技术规范的基础上，突破了收获过程关键技术，集成研制了具有我国自主知识产权的收获装备，推动了蔬菜生产向高效率、低能耗方向发展。

（2）成果创新点 突破了蔬菜高速定植移栽技术，开发了新型育苗穴盘及自动取苗装置，实现了高速低损取苗，单组取苗机构取苗效率达到180株/分钟，取苗成功率达到98%以上；开发了基于机械传感－液压控制技术的栽植深度自动控制装置，可随栽植地面起伏调节工作部件高度，实现了栽植深度精准控制；创新设计了输送带式自动上盘机构，实现了苗盘自动续盘，仅需1名驾驶员就能完成自动移栽作业。突破了蔬菜生产水肥精细施用技术，针对现有基于环境信息决策的水肥施用系统，难以完全满足作物生长水肥精细管控的需求，创新性地采用基于作物生理生态和环境双信息源相结合的水肥精量施用系统，提升了蔬菜水肥智能精细管理水平。突破了蔬菜机械化收获技术，提出了青梗菜和甘蓝仿形切割与仿生夹持输送协同收获的方法，创制了具备双动力驱动的青梗菜和甘蓝有序收获装备，实现了叶类蔬菜高效低损智能化收获；创制了具备挖掘智能深松调节、仿形扶茎关键部件功耗监测与故障诊断、机具运行轨迹跟踪与果箱产量测定等实时在线监测调控的根茎类蔬菜联合收获智能系统；突破了蒜体弧面浮动仿形回转式自动切根须技术，创制了自走式大蒜联合收获切根须机构，实现了大蒜高效、低损和标准化收获。

（3）成果水平 智能高速定植机、全自动移栽机的单行栽植效率达到90株/分钟，并可以自动上盘，与世界领先的同类型自动移栽机单行工作效率75株/分钟且需要人工续盘相比，作业效率上有优势，整体上蔬菜低损保质高速移栽技术与装备达到国际先进水平。蔬菜收获技术装备整体水平处于国内领先，与西班牙、法国和日本等国家相比，关键技术处于国际先进水平。

（4）前景及发展 全国蔬菜播种面积约为33000万亩，对机械化生产作业装备需求迫切。蔬菜智能精细化生产装备解决了传统蔬菜生产效率低、经济效益不明显等问题，较人工提高效率10~15倍，效益提高15%以上。项目成果的应用推广，为实现蔬菜高效、精准规模化生产提供了装备支撑，具有良好的产业化前景。

16. 丘陵山地拖拉机

（1）成果意义 本项目研究的丘陵山地拖拉机关键技术，将有力推动行业技术进步，能有效突破制约我国丘陵山地土地利用的限制，缓解耕地压力，挖掘农业增产潜力，促进和带动农业向更宽的广度方向拓展；形成的丘陵山地拖拉机试验研究平台，可为行业提供服务，提高行业自主创新能力；研制的丘陵山地拖拉机产品，将打破国外产品在国内的市场垄断，提高国产丘陵山地拖拉机的竞争力，为我国农业提供高效、低耗、低成本的现代化动力。

（2）成果创新点　山东五征集团有限公司和四川川龙拖拉机制造有限公司研发的创新全姿态调整轮式拖拉机的摆臂下置式前驱动桥技术，实现了前驱动轮始终与水平面保持垂直，提高了轮胎与地面之间的接地比压，保证拖拉机具有良好的牵引力和坡地作业时的稳定性；刚性结构柔性调节后驱动桥技术，可进行拖拉机刚性末端传动系的柔性姿态调节。创新了扭腰摆动姿态调整技术，实现对地面的适应及极端情况下的姿态主动调整，保证拖拉机作业的安全性。基于车轮独立调节的姿态自调整转向驱动桥技术，实现了拖拉机在纵向坡地、横向坡地、不平坦田地作业时的车身调平；创新性地将四轮驱动、四轮转向、车身自调整技术集成于驱动桥，实现了拖拉机丘陵地区大坡地等高作业；解决了四轮驱动、四轮转向和车身姿态自动调整及车身调平与机具悬挂调节控制间的匹配和协调。集成高扭矩储备柴油发动机机、高效传动多点动力输出变速箱、车身自调平系统、机具电控液压悬挂坡地自适应系统和智能化控制系统，开发了高适应性丘陵山地拖拉机，高度适应丘陵山地，具有耕作阻力、耕作姿态自适应调节等多种调节功能。

（3）成果水平　履带拖拉机纵向、横向姿态自动调平的总体技术处于国内领先、国际先进水平。创制了高适应性智能丘陵山地拖拉机，实现了拖拉机大坡地等高作业，解决了拖拉机丘陵山地作业的安全性、稳定性和小地块适应性等问题，填补了我国智能丘陵山地拖拉机产品的空白。

（4）前景及发展　我国丘陵山区耕地面积约占全国耕地总面积的1/3，丘陵山区地形复杂，农业作业多样化，对适应丘陵山区农业作业的拖拉机的需求量很大。开发的适应于我国国情的丘陵山地拖拉机，突破了爬坡性能、稳定性等关键技术，满足了国内丘陵山地用户对功能完善、技术先进产品的迫切需要。项目成果已部分在现有拖拉机上应用，促进了现有拖拉机的技术升级与进步，提高了企业产品的市场竞争力，填补了我国中小型丘陵山地拖拉机产品的空白，带动产业升级与转型，具有重大推广应用价值、产业化前景和市场前景。

17. 农机装备智能化设计技术

（1）成果意义　我国农机装备种类繁多，作业类别多样，且作业环境复杂多变、使用季节性强，用户多样化、定制化的配置需求强烈，当前国内部分农机企业不同程度地引进了国外 PDM/PLM 设计平台支撑装备的全生命周期设计与数据管理，如美国 PTC 公司的 Windchill 平台和德国西门子公司的 Teamcenter 平台，并积累了大量设计资源与知识，在一定程度上提升了设计效率，但受设计方法、国外设计工具及平台开放性的限制，传统农机装备设计方法及国外设计平台存在设计周期长、效率低、设计质量不高等问题。

中国农业大学的研发团队基于知识的拖拉机/联合收获机智能化设计理论体系和方法，融合知识工程原理和智能化设计技术，基于 PDM/PLM 系统，集成 CAX 等通用软件，构建了面向农机装备设计的通用基础平台，形成了农机装备智能化设计标准规范和框架体系。基于知识的农机装备智能化设计理论和方法，可系统利用实例类、规则类、参数类、资料类等各种设计资源与知识，快速确定零部件设计参数，满足农机装备产品定制化、多样化的用户需求。其中，采用的全参数驱动数字建模技术，可建立零部件与总成之间、模块装配定位、性能仿真等的参数关联，实现了零件的快速设计与修改，可有效提高零部件的设计效率和可靠性。农机装备智能化设计知识服务系统有效解决了智能化设计中的设计知识获取、表达、呈现、推送及管理等核心问题，能提供智能搜索、智能推荐和智能管理等智能化设计功能，为实现农机装备知识资源的多粒度、精细化和智能化设计提供了先进的设计方法和技术支撑。所开发的基于 PDM/PLM 的农机装备智能化基础设计平台，可有效替代目前国内农机装备企业配备的国外设计平台，突破产品全生命周期中数据组织、传递与共享的瓶颈，基于分布式微服务的 SOA 架构，形成了开放的多功能通用基础平台和面向供应链的多维度协同管控模型，支持产品全生命周期中供应链上下游的跨企业、企业内跨部门、工作组级的横向协同和产品规划、总体设计、详细设计、试验验证、生产制造的纵向协同，实现了农机装备设计基础通用设计平台的国产化，打破了国外跨国软件公司的垄断。

（2）成果创新点　基于知识的拖拉机/联合收获机智能化设计理论和方法，融合知识工程原理和智能化设计技术，重点突破了基于知识的智能化设计技术、设计知识的获取/分类/表示/推理/呈现及知识服务、参数化设计、基于模型的整机及关键部件系统匹配设计方法、虚拟协同仿真及试验验证、智能化设计通用基础平台系统软件架构及集成等关键技术，拖拉机/联合收获机知识服务系统可实现异构农机装备设计知识统一表达，支持关联知识推送，优化知识检索、推荐和管理等知识服务；基于模型驱动的配置化农机装备智能化设计通用基础平台，结合农机行业的特点和企业实际，抽取并提炼信息管理对象和业务过程，采用 Web、XML、数据库和面向对象的方法，统一 BOM 数据管理模型，实现各基础对象并支持其扩展，实现用于数据展示与交互的各类视图并提供多种基础接口和核心服务，通过配置生成系统，大幅度减少开发工作量，能够科学指导农机装备标准化、系列化、通用化设计，提高了产品设计质量和效率。项目成果形成了 5 种整机及 10 种关键部件的设计知识库、参数化设计计算系统、知识服务系统、基于模型驱动的配置化农机装备智能化设计通用基础平台及硬件环境等，并在项目承担企业开展试验应用。

（3）成果水平　基于知识工程的拖拉机/联合收获机智能化设计理论及基础设计平台工具，提出了基于知识的农机装备智能化设计理论体系，突破了大功率拖拉机和联合收获机零部件与整机设计知识服务、参数化建模、虚拟仿真、虚拟实验等关键技术，通过研发农机装备智能化设计知识服务系统和基于模型驱动的配置化农机装备智能化设计通用基础平台，建立了大功率拖拉机智能设计专用平台和联合收获机智能设计专用平台，并开展实际应用，形成了大功率拖拉机和联合收获机智能化设计规范及智能化设计平台应用流程，项目成果水平在农机装备研发设计领域处于国际先进和国内领先。

（4）前景及发展　近年来国际农机企业间竞争愈发激烈，为提升产品研发效率，抢占市场先机，诸如约翰迪尔、凯斯纽荷兰、爱科和久保田等国外知名农机企业应用各种自动化及 IT 手段，纷纷建立了以国外商用 PDM/PLM 为支撑平台的产品研发体系和知识积累平台。我国农机企业正面临来自目标市场多层面竞争的严峻挑战，而当前以跟踪和仿造国外产品为主的研发模式明显存在设计周期长、效率低、设计可靠性差等诸多问题，导致企业核心技术自主知识产权水平普遍偏低，农机装备智能化设计的整体研发水平仍处于起步阶段。国产 PDM/PLM 系统的实际应用，将突破国外软件平台的限制，未来推广到国内主要农机装备制造企业，将显著提高我国农机装备的设计水平。

项目提出的基于知识工程的拖拉机/联合收获机智能化设计理论，以及开发的智能化基础设计平台可有效解决农机装备企业设计过程中的知识继承和重用、多源异构数据管理等问题，通过在项目承担企业的初步应用，可缩短农机装备研发周期 30%~50%，降低企业研发成本 20%~30%，按照目前国内农机装备工业总值 3000 亿元估算，国内农机装备企业每年研究与试验发展（R&D）经费投入占总额的 5% 计算，每年国内农机装备企业研发投入约 150 亿元，通过该成果的推广应用,每年可降低企业研发成本30亿~45亿元。以企业智能化设计专用平台为例,如果企业将产值的1%投入信息化基础设施建设,农机装备制造企业的信息化年投入将达30亿元,这其中有1/5是投入PDM/PLM相关基础设计平台建设和升级维护,PDM/PLM及相关软件的市场容量每年将达6亿元。

18. 区域特色作物高效收获技术装备

(1)成果意义 杂粮、茶叶、红枣、枸杞、天然橡胶等是我国重要的农特产品,也是区域特色优势产业支撑。中农集团农业装备有限公司和中国热带农业科学院的研发团队为解决农特产品机械化收获提供了技术和装备支撑,提高了收获机械化水平,提升了收获效率,降低了劳动强度和作业成本,促进相关产业可持续发展。该成果对保障农产品的稳定供应和脱贫攻坚具有重要意义。

(2)成果创新点 研发了一种青稞联合收获打捆一体机,实现了青稞收割、脱粒、碎芒、清选及秸秆打捆一体化作业。提出了茶蓬最佳采摘位置识别鲁棒算法和"剥洋葱"算法,创新设计了仿地行走底盘及减振系统、采摘指高度调节机构与检测控制系统、仿生采摘指等关键部件,研制了智能采茶机。突破了高精度切割深度、耗皮厚度精准控制、低损仿形切割等关键技术,创新开发了电动割胶装备;开发了以割面为基准的高精度切割深度、耗皮厚度精准控制技术和树皮厚度探测等关键技术,研制了固定式和移动式全自动采胶机,实现了天然橡胶产业采收机械"从无到有、从有到好"再到"无人化、智能化"采胶的转变。突破了枸杞、红枣树视觉识别定位和导航技术,实现了收获机械智能自动行走和对靶,提出了一种有果有叶果树理论模型的构建和果实空间运动姿态计算方法,开发了挂果冠型仿形、辊刷和振动复合采收等技术,研制了枸杞气振复合采收机、自走式红枣收获机。

(3)成果水平 割胶轨迹跟踪方法、高精度切割深度和耗皮厚度精准控制技术等为国内外首创。研制的茶叶、枸杞、红枣、天然橡胶等农特产品收获机械装备在国内外均处于领先水平,填补了国内产品的空白。研制的自走式青稞联合收获打捆一体机,属于国内首创。

(4)前景及发展 目前,茶叶、红枣、枸杞、天然橡胶等收获机械在新疆、浙江、江苏、湖南、云南、宁夏、海南、广东等主产区推广应用,取得了显著的经济社会效益。便携式电动割胶刀已在中国、印度、马来西亚、印度尼西亚、越南、缅甸、柬埔寨、泰国、老挝、斯里兰卡等国推广应用8500余台。自走式青稞联合收获打捆一体机，为提升藏区青稞全程机械化生产水平贡献力量，并为藏区牛羊养殖提供高品质青稞秸秆饲料。

19. 果蔬多源信息融合超大型分选成套装备

（1）成果意义　我国是世界上最大的果蔬生产国，年产量达到 10 亿吨左右，而采后处理率仅为 30%，远低于发达国家水平（70%），导致果蔬流通腐损严重，每年腐损率高达 20% 以上，损耗超 1 亿吨，直接经济损失超过 1000 亿元，严重影响果蔬商品的市场价值。

中国科学院微电子研究所的研发团队创制的果蔬多源信息融合超大型分选系统，通过对果蔬内外品质进行无损快速检测，能够实现对多品类果蔬的智能化品质分级。通过系统分选的果蔬外观优美、整齐划一，满足了不同消费群体对果蔬产品的个性化需求，较大程度地提升果蔬商业价值，有效提高了果蔬产品货架质量和市场竞争力。

项目成果的推广应用可有效推动我国农产品采后处理自动化升级，提高果蔬采后商品化处理比例，为提升我国农产品附加值、提高农民收入做出积极贡献。

（2）成果创新点　果蔬多源信息融合超大型分选系统集成自主研发果蔬品质无损在线快速检测技术，实现了基于果蔬重量、含糖量、表面视觉（色泽、形状、大小、瑕疵）等信息的高速在线自动分级，打破了国外技术的垄断。

项目成果采用国产自主研发传感芯片，信噪比高，针对厚皮、绿皮水果实现无障碍穿透；低功耗、单光源、高速度、低数量的样品建模，大大节约调试时间，具备超高的稳定性。以含糖量检测仪为例，通过本项目实施，所研发的集成国产芯片的含糖量检测仪，在保证同等技术水平的前提下，售价仅为进口产品的 1/10，极大程度地降低了企业采购成本。

果蔬分选系统的重量测量精度 ±1 克、尺寸测量精度 ±1 毫米、含糖量精度 0.5%、颜色准确率 98%、分选精度 95%，是目前国内同类产品的最高水平。系统采用分布式、模块化设计，分选等级可无限扩展，可有效针对多种类型果蔬实现高效品质分级。

（3）成果水平　项目成果是我国第 1 台实现大规模研制、生产和应用的基于重量/视觉/含糖量信息融合的果蔬分选系统，采用国产自主研发核心技术，集成国产化零部件，实现了成本可控，在国内外众多果蔬加工厂得到实际使用，成果市场价格约为国外同类产品的 65%，打破了国外产品的市场垄断。

（4）前景及发展 品质分级是果蔬采后处理的关键环节，项目成果将果蔬按品质进行分级，区分优劣，能够为果蔬储藏、营养保持等方向的研究提供重要科学依据，并对果蔬采后处理全自动化装备的研制起到关键技术支撑作用。项目成果已应用于脐橙、蜜橘、柠檬、苹果、青椒、番茄等数十种果蔬的分选，在江西、四川等 20 多个省市实现了应用推广，并出口泰国、塞浦路斯等多个国家和地区。

我国果蔬产量大、品种多，当前采后处理率较低，现有技术针对部分品类果蔬实现了品质分级，未来仍需要针对大量多品种果蔬开展品质分级技术研发和推广。当前我国果蔬商品化处理自动化程度不高，在一些关键处理环节，相关国产化装备研发与应用滞后，与国外的同领域存在近 10 年的差距，特别在某些劳动密集环节，仍需大量人工参与，机械化、自动化、信息化水平整体偏低。因此，未来针对果蔬商品化处理装备的需求仍将持续，本成果具有较大的市场空间。

20．果园智能化精细生产技术装备

（1）成果意义 现代果园机械化生产标准化、规模化是果业提质增效的关键。现代果园采用宽行矮砧密植栽培模式，充分利用现代农业装备和先进农艺技术，也为机器换人提供了必要条件。山东永佳动力股份有限公司和中农集团农业装备有限公司的研发团队聚焦果园管理与采收机械化薄弱环节，研发的自走式仿形对靶喷雾机、目标跟踪式对靶施药机、摆臂式喷雾机和低空仿形避障施药无人机等装备，可以进行果园的行间自动导航植保作业。通过深位开沟施肥与自动避障割草装备的示范推广应用，实现了果园有机肥替代化肥、有机肥增施、自然生草与果园绿肥覆盖还田技术，对解决当前我国果园长期撒施化肥导致的土壤板结及其果品质量的不断下降等具有重要作用。通过可调节角度的作业平台与水果采收装置，能实现果实采收连续性、自动收集、智能装箱，提高了现代果园的生产机械化程度和采收效率，大大降低了采收过程的人工劳动强度，降低了生产成本。

（2）成果创新点 创新了果园机械化整形修剪技术和机械化疏花疏果技术，开发了履带自走式果树仿形修剪机（疏花机），实现了果树修剪、疏花机械化。提出了地面小型对靶施药机械和植保无人机结合的果园地－空协同立体植保系统，可控制地面装备与植保无人机施药参数、有效立体区域，实现了植保设备的作业空间协同。开发了果园高效深位施肥与智能割草装备，由深位开沟施肥回填一体化技术与装备和自动避障割草技术与装备两部分组成，构成了果园林下高效作业配套技术装备。开发了遥控自走式智能调平采收平台及果实自动收集及智能装箱装置，集行走与果实采收功能于一体，创新了双轴调平技术配合双层调平框架结构，整机单轴可调节角度达到12度，双轴最大调节角度可达17度，满足了不同工况的需求；果实自动收集及智能装箱装置，采用防损缓冲结构设计和柔性智能装箱技术，最大限度地提高装箱效率并避免机械损伤。

（3）成果水平　智能化果园整形修剪技术和疏花疏果技术在国内外处于先进水平。果园深位开沟施肥回填一体化技术与装备，在作业效率与作业效果方面达到国内外先进水平。采用履带式底盘配合实时调平技术，为载人作业安全提供了必要的保障与支撑，采收环节低损采收的技术瓶颈被逐步突破，总体达到国内领先水平。

（4）前景及发展　我国是一个果业生产大国，水果种植面积、水果产量都位于世界的前列。据统计，我国果园的总种植面积为1100多万公顷，其中柑橘的种植面积达250万公顷、苹果种植面积达190万公顷，水果年总产量（包含瓜果类）超过2.5亿吨。水果对我国国民生活水平的提升和经济社会发展带来了举足轻重的作用，对机械作业技术与装备需求迫切。果园施肥、割草等劳动作业强度大、频次高，人工成本占果园生产所有投入成本的50%以上，相比传统果园的人工操作方式，果园机械化作业装备成果的应用能有效提高劳动生产率，降低劳动强度，提升现代果园生产管理生产水平，为实现果树产业现代化提供技术装备支撑。项目成果已经在重庆北碚区柑橘园、北京平谷苹果园和桃园、广西百色芒果园等规模化果园开展了实际应用。果园生产管理技术正在加速向精准化、智能化方向发展，项目成果具有广阔的市场前景。

5.2　"工厂化农业关键技术与智能农机装备"专项年度成果

2021年国家重点研发计划"工厂化农业关键技术与智能农机装备"专项启动并择优立项了一批项目。通过这些项目的实施，在新型农业装备创制、无人化农业生产管理和数据监测等方面取得了一系列阶段性进展。

1. 玉米姿控驱导式高速精量排种器

华中农业大学的研发团队针对机械式玉米排种器在高速作业条件下排种精度低且性能不稳定的问题，通过调整玉米种子充种姿态和减缓排种盘转速，以提升高速作业条件下充种效果的创新思路，提出了利用调姿齿与单元型孔对玉米种子充种姿态进行调控，同时采用交错双排结构降低排种盘转速的技术方案，设计了玉米姿控驱导式高速精量排种器。该技术有效避免了因高速作业而导致的充种时间不足、姿态难以匹配而漏充或多粒种子咬合堵塞型孔的致命问题，进而提升了排种器在高速作业条件下的性能。试验结果表明，在作业速度为 8 ~ 10 千米/小时的范围内，该排种器的合格率均高于 90%、破损率均低于 0.5%，证明了此技术装置的有效性，同时也为机械式高速精量播种机的研发提供了核心部件支撑。

2. 谷物联合收获机作业质量在线检测与调控系统

农业农村部南京农业机械化研究所的研发团队研发了大喂入量高性能谷物联合收获机作业过程作业质量等参数在线监测传感器，实现了谷物破碎率、含杂率、清选损失率、夹带损失率、谷物含水率和产量等信息的在线监测。研发了大喂入量高性能谷物联合收获机整机智能控制系统，制定了通信协议，建立了作业质量优化调节模型，实现了依据作业质量的整机作业参数在线调控。开发了基于北斗的车载 GNSS/INS 组合辅助导航系统，实现了大喂入量谷物联合收获机作业的任务管理、路径规划和自动导航。开展了大喂入量谷物联合收获机智能化系统的集成与性能测试，试验结果表明，该项目开发的信息感知系统、智能控制系统和辅助导航系统有助于提升大喂入量谷物联合收获机的智能化水平，有效地提升了作业效率。

3. 水稻无人化生产智慧农场集成示范

华南农业大学的研发团队通过该项目集成水稻无人化生产关键技术与装备，启动建设了水稻生产无人化智慧农场示范，在上海嘉定、广东茂名、广东河源、黑龙江建三江红卫农场和七星农场等建设了多个水稻无人化智慧农场。集成示范了土壤养分数据采集、无人驾驶拖拉机整地、无人驾驶插秧、无人驾驶插秧同步变量侧深施肥、无人驾驶植保、无人驾驶收获卸粮、水稻长势多光谱数据采集、机库内激光雷达定位、5G、大数据平台等技术，初步实现了水稻耕、种、管、收环节的全程无人化，数据上传平台并汇总和展示。无人化作业实现农田全覆盖，作业覆盖率可达95%以上。示范生产表明，相比传统种植模式，水稻无人化智慧生产模式增产5.35%，整体增效32.9%。

4. 水培叶菜苗移植和成品菜采收机器人

华南农业大学的研发团队创制的水培叶菜苗移植机器人，主要用于植物工厂水培叶菜自动化生产，完成由育苗盘向栽培单元种植板移植水培叶菜苗的作业。该机采用双排变距移植技术，解决了栽培单元单行只有4株的制约采收效率提高的难题，一次可变距移植8株秧苗，移植作业生产率超过6000株/小时。水培叶菜成品菜采收机器人主要用于植物工厂水培叶菜自动化生产，实现水培叶菜成品菜自动化采收。通过柔性捡拾技术，解决了种植板重力变形导致种植杯无法实现刚性捡拾的问题，一次捡拾4株带种植杯的水培叶菜成菜，捡拾作业生产率超过2400株/小时。该机器人将应用于广州白云区无人化植物工厂水培叶菜生产，并出口加拿大和美国水培叶菜植物工厂。

5. 猪只健康巡检机器人

中国农业科学院北京畜牧兽医研究所的研发团队自主研发的猪只健康巡检机器人，提供了多传感器协同采集的方法和策略，提出了基于机器人自身传感器的定位方法，定位精度可达 ±2.5毫米，可实现全面准确地采集养殖场的彩色及红外等视频数据，以及场内温湿度、声音和二氧化碳浓度等环境数据，为生猪健康监测提供大量的数据支持。猪只健康巡检机器人配置辅助研发的生猪健康养殖智能化监测预警平台、生猪数字化模型系统和猪只健康巡检机器人管理系统，可保证数据采集的规范性和可用性，实现了养殖场实时高效的无人巡检，及时发现异常情况并进行预警，减轻人工负担，降低了疫病感染风险，提高了养殖效率及效益。该成果已在广州市从化达南猪场应用。

6. 基于主成分分析及阻抗谱方法的土壤水含量测量系统

中国科学院合肥物质科学研究院的研发团队创新设计了一种基于主成分分析及阻抗谱方法的土壤水含量测量系统，突破性地完成了水热盐一体化传感器的湿度敏感单元的设计，完成了不同叉指数量的叉指电极的制备及聚酰亚胺感湿薄膜的涂覆工作。开发了水热盐一体化传感器的检测技术，完成了微气象集成监测设备整体设计。采用分布式传感器网络系统，通过智能传感器对环境进行监测并能追踪到自身位置，通过无线网络将目标环境信息发送到接收器中，实现了高效分析与精确处理。

7. 作物生长特征高光谱成像传感器研制

南京农业大学的研发团队利用基于小孔阵列的场积分型快照式高光谱成像技术，实现了大于 30 度视场角、覆盖 400 ~ 900 纳米波长范围、不低于 5000 个采样点、不低于 5 纳米光谱分辨率的高光谱成像，完成了轻小型作物生长特征高光谱成像传感器设计，突破了场积分型快照式高光谱成像技术，一次曝光即可获取目标图谱数据，十分适用于无人机和无人车等轻小型平台，提高了传感器搭载于无人机和无人车平台时的抗干扰能力，对标国际典型产品德国 Cubert S185 系列高光谱成像仪，具有更高的光谱分辨率和空间采样点数，所研制的产品达到国际先进水平，具有良好的推广应用前景。

8. 大型拖拉机无级变速系统（CVT）数值模拟平台优化构建

潍柴雷沃重工股份有限公司的研发团队根据原理图及部分参数分析 WTT500 变速器的工作模式，采用齿轮的单级单排、单级双排威利斯公式计算各工作模式的传动比，最后使用 simulink 进行 HMCVT 系统的搭建，旨在分析 WTT500 各个工作模式的功率流，判断是否有功率循环现象，求解各工作模式的传动效率，进行 HMCVT 的优化设计。HMCVT 变速器机械传动建模通过物理系统 in 口接收发动机转速，模拟信号 in 口实现离合器信号的输入。使用 go to 与 from 模块实现离合器、同步器信号的传递，采用两个 Dog clutch 实现 DF 与 DR 的功能。采用 Simple Gear 为普通齿轮副，Ravigneaux Gear 为行星齿轮模块。采用 Disk Friction Clutch 为离合器模块，通过 from 模块传递的信号判断离合器的接合状态。在该物理系统中加入 Inertia 转动惯量模块，表示物理系统各个部件的转动惯量，最终输出物理系统的 CVT out。

参 考 文 献

[1] 徐广飞，陈美舟，金诚谦，等. 拖拉机自动驾驶关键技术综述[J]. 中国农机化学报，2022, 43 (6)：126 - 134.

[2] 郑娟，廖宜涛，廖庆喜，等. 播种机排种技术研究态势分析与趋势展望[J]. 农业工程学报，2022, 38(24)：1 - 13.

[3] 张正中，谢方平，田立权，等. 国外谷物联合收割机脱粒分离系统发展现状与展望[J]. 中国农机化学报，2021, 42(1)：20 - 29.

[4] 辜松. 我国设施园艺生产作业装备发展浅析[J]. 现代农业装备，2019, 40(1)：4 - 11.

[5] 沈明霞，丁奇安，陈佳，等. 信息感知技术在畜禽养殖中的研究进展[J]. 南京农业大学学报，2022, 45(5)：1072 - 1085.

[6] 刘成良，贡亮，苑进，等. 农业机器人关键技术研究现状与发展趋势[J]. 农业机械学报，2022, 53(7)：1 - 22, 55.

[7] 孙景彬，刘志杰，杨福增，等. 丘陵山地农业装备与坡地作业关键技术研究综述[J]. 农业机械学报，2023, 54(5)：1 - 18.

[8] 杨天阳，田长青，刘树森. 生鲜农产品冷链储运技术装备发展研究[J]. 中国工程科学，2021, 23(4)：37 - 44.

[9] 马肖静，刘勇鹏，黄松，等. 不同 LED 光照强度夜间补光对番茄幼苗生长发育的影响[J]. 植物生理学报，2022, 58(12)：2411 - 2420.

[10] 孙锦，李谦盛，岳冬，等. 国内外无土栽培技术研究现状与应用前景[J]. 南京农业大学学报，2022, 45(5)：898 - 915.

[11] 李佳，王梦瑶，刘良好，等. 植物工厂育苗微环境及水肥精灌智控系统技术研究进展[J]. 农业与技术，2022, 42(21)：36 - 39.

[12] 黄梓宸，SUGIYAMA Saki. 日本设施农业采收机器人研究应用进展及对中国的启示[J]. 智慧农业(中英文)，2022, 4(2)：135 - 149.

[13] 苑进. 选择性收获机器人技术研究进展与分析[J]. 农业机械学报，2020, 51(9)：1 - 17.

[14] 宋怀波，尚钰莹，何东健. 果实目标深度学习识别技术研究进展[J]. 农业机械学报，2023, 54 (1)：1 - 19.

[15] 苟园旻，闫建伟，张富贵，等. 水果采摘机器人视觉系统与机械手研究进展[J]. 计算机工程与应用，2023, 59(9)：13 - 26.

[16] 吴剑桥，范圣哲，贡亮，等. 果蔬采摘机器手系统设计与控制技术研究现状和发展趋势[J]. 智慧农业(中英文)，2020, 2(4)：17 - 40.